国家智库报告 2015（8）

National Think Tank

内蒙古草原碳储量及其增汇潜力分析

赵吉 等著

ANALYSIS ON CARBON SEQUESTRATION AND CARBON SINK INCREMENT POTENTIAL OF RANGELANDS IN INNER MONGOLIA

中国社会科学出版社

图书在版编目(CIP)数据

内蒙古草原碳储量及其增汇潜力分析／赵吉等著．—北京：中国社会科学出版社，2015.6

（国家智库报告）

ISBN 978－7－5161－6340－5

Ⅰ.①内…　Ⅱ.①赵…　Ⅲ.①草原—碳—储量—研究—内蒙古　Ⅳ.①S812

中国版本图书馆 CIP 数据核字(2015)第 124384 号

出 版 人　赵剑英
责任编辑　王　茵
特约编辑　马　明
责任校对　闫　萃
责任印制　李寡寡

出　　版　中国社会科学出版社
社　　址　北京鼓楼西大街甲 158 号
邮　　编　100720
网　　址　http://www.csspw.cn
发 行 部　010－84083685
门 市 部　010－84029450
经　　销　新华书店及其他书店

印刷装订　北京君升印刷有限公司
版　　次　2015 年 6 月第 1 版
印　　次　2015 年 6 月第 1 次印刷

开　　本　787×1092　1/16
印　　张　6.75
插　　页　2
字　　数　54 千字
定　　价　48.00 元

编写人员

主　编

赵　吉（内蒙古大学环境与资源学院教授、院长；中国社会科学院可持续发展中心内蒙古气候政策研究院副院长）

编写组

王立新（内蒙古大学环境与资源学院教授、副院长）
张一心（内蒙古大学环境与资源学院副教授）
梅宝玲（内蒙古大学环境与资源学院副教授）
温　璐（内蒙古大学环境与资源学院讲师）
卓　义（内蒙古大学环境与资源学院讲师）
魏　兴（内蒙古大学环境与资源学院硕士生）

专家组

董恒宇（内蒙古自治区政协副主席，民盟内蒙古区委主委）

许柏年（内蒙古低碳发展研究院教授、院长）

韩国栋（内蒙古农业大学生态环境院教授、院长）

梁存柱（内蒙古大学生命科学学院教授）

钱贵霞（内蒙古大学经济管理学院经济学系教授、主任）

马文红（内蒙古大学生命科学学院副教授）

目　录

前言…………………………………………………………（1）

第一章　内蒙古草地碳储量分析 ……………………（1）

第一节　内蒙古草地类型及其分布 ……………（1）

第二节　内蒙古草地植被的碳储量 ……………（3）

第三节　内蒙古草地土壤的碳储量 ……………（6）

第四节　内蒙古草地总碳储量 ……………………（9）

第二章　内蒙古草地增汇潜力分析与评估…………（10）

第一节　内蒙古草地退化现状分析 ……………（10）

第二节　内蒙古草地的增汇潜力 ………………（11）

第三节　内蒙古草地碳汇的价值分析 …………（13）

第三章　草地碳汇监测与计量方法学 …………………（15）

第一节　草地碳汇监测方法学 …………………（15）

第二节　基于遥感技术的草地碳库监测与碳汇计量方法 …………………（27）

第四章　内蒙古典型区域草地碳汇潜力的评估……（35）

第一节　四子王旗荒漠草原放牧管理制度试验区 …………………（36）

第二节　锡林郭勒盟典型草原试验区 …………（38）

第三节　鄂尔多斯鄂托克前旗退化草地恢复试验区 …………………（41）

第五章　草地碳汇交易与定价机制 …………………（43）

第一节　碳汇相关的交易市场 …………………（43）

第二节　关于生态系统的服务价值与碳汇价值 …………………（52）

第三节　草地碳汇交易机制 …………………（53）

第四节　我国碳汇市场的信息化建设…………（61）

第六章　研究概要与政策建议 ……………………… (64)
第一节　研究概要 ……………………… (64)
第二节　政策建议 ……………………… (68)

附录：可持续草地管理温室气体减排计量与监测方法学 ……………………… (76)

附图 ……………………… (90)

前　言

气候变化已成为国际社会和经济可持续发展所面临的最为严峻的挑战。《联合国气候变化框架公约》将减缓和适应视作应对气候变化的两个重要方面。就减缓而言，关键是减少温室气体的积累，办法其一是减少温室气体排放（控源），其二就是增加温室气体吸收（增汇）。碳汇在广义上指从空气中清除二氧化碳的所有过程、活动、机制，主要是指植物通过光合作用吸收大气中的二氧化碳并固定在自身和土壤中的活动过程和机制。碳汇抵消着碳源，维持大气中二氧化碳浓度在可控范围内，以保证温室效应的正常数值，减缓气候变暖趋势。在建设生态文明新时期，要保护绿色生命，增强绿色意识，发展碳汇经济，维护好海洋、森林、草原、湿地、农田等生态系统，实现增汇减排，推动绿色发展，让绿色碳汇为人类造福。

草原生态系统是缓解全球气候变化的重要场所，在陆地碳循环（Carbon Cycle）和碳固持（Carbon Sequestration）中起着极为重要的作用，潜在的碳汇资源具有重要的生态价值和经济价值。发挥草地的碳汇功能，并通过提高草地管理水平来增加碳固持，是一种有效的低成本增汇减排途径。因此，准确估算碳储量及其增汇潜力的大小、分布及其变化，积极探索草原生态系统的碳减排增汇技术，对于维持草原生态系统健康、减缓温室气体排放、缓解气候变暖效应均有重要意义。

2009 年 12 月，中国政府决定到 2020 年全国单位国内生产总值二氧化碳排放比 2005 年下降 40%—45%。我国《“十二五”控制温室气体排放工作方案》明确了中国控制温室气体排放的总体要求和重点任务。2014 年 11 月，中美达成温室气体减排协议，我国承诺了新目标，即到 2030 年达到二氧化碳排放峰值，非化石能源在一次能源中的比重提升到 20%，表明我国在推动全球气候变化谈判进程中的决心和责任。我国正在加快构建具有中国特色的清洁发展机制，应对气候变化和防治污染领域正在形成全国一盘棋格局，探索通过市场机制解决环境与发展的现实矛盾。2013 年为中国碳交易元年，全国试点地区陆续启动了碳排放权交易，国务院《“十二五”控制温室气体排放工作方案》提出要推动建立全国碳排放权交易市场。2015 年 1 月，我国《碳排放权交易管理暂行办法》开始施行，计划在 2017 年左右建成全国性碳排放权交易市场。中国已经明确把增加森林草地碳汇作为一个重要的增汇措施。因而，自然生态系统碳汇的自愿减排（增汇）市场具有非常广阔的发展前景。

内蒙古“8337”发展思路确定内蒙古自治区具有建设清洁能源输出基地和北疆生态安全屏障的双重定位。一方面，生态屏障的定位需要加强环境保护；另一方面，能源基地的定位必然要多烧煤、多排二氧化碳。内蒙古拥有优化区域能源布局、减少碳排放、减轻大气跨界污染和建设“上风上水”清洁带的多重责任。协调解决区域突出的环境问题，需要借助强制性、约束性、限制性的政策工具，需要从节能、减排、降碳等方面多管齐下，这也成为内蒙古的重要工作。《国务院关于进一步促进内蒙古经济社会又好又快发展的若干意见》（国发〔2011〕21 号）指出：“全面推进生态建设和环境保护，切实做好节能减排工作。开展循环经济示范、主要污染物排污权有偿使用和交易试点工作。推广应用低碳技术，实施森林草原固碳增汇技术示范工程，控制温室气体排放。”《国务院发布关于促进牧区又好又快发展的若干意见》（国发〔2011〕17号）指出：“坚持保护草原生态和促进牧民增收相结合，实施禁牧补助和草畜平衡奖励，保障牧民减畜不减收，充分调动牧民保护草原的积极性。”内蒙古国民经济与社会发展“十二五”规划指出，要建设森林碳汇基地，增强草原碳汇功能，探索建立草原固碳标准体系，培育碳汇交易市场，推动开展碳汇交易。

我们要深刻认识森林和草原的功能定位，为构建我国北方生态屏障提供有力保障。内蒙古具有巨大的草地碳库，经过改善草场管理而增加的碳库也可以拿到碳交易市场上进行交易，同时改善当地农牧民的生产生活条件，并保护和建立生物多样性廊道，推广草地的综合效益和生态补偿机制，实现一个可持续性双赢的减排途径。内蒙古温带草原总碳储量为37.6亿吨。退化草地碳汇潜力巨大，草地固碳量为4586万吨/年，二氧化碳吸收量为16815万吨/年。内蒙古森林固碳量为3601万吨/年，二氧化碳吸收量为13203万吨/年。这些碳汇资源一旦实现市场交易，由于生态系统服务功能价值巨大，其内在价值应远高于碳减排交易价格。内蒙古作为能源生产和消费大区、森林和草原碳汇大区，为迎接绿色低碳市场的到来，积极谋划京津冀区域碳排放权交易体系建设，进而推进环境一体化交易体系建设。目前，有关内蒙古草地碳汇及其交易方面的研究尚处在起步阶段，相关基础数据、方法学、交易模式及政策措施等的研究和实践还非常薄弱。因此，开展内蒙古草地碳汇的基础性研究有十分重要的意义。

中国社会科学院可持续发展研究中心内蒙古气候政策研究院委托中国社会科学院农村发展研究所和内蒙古大学共同承担“内蒙古草原可持续发展与生态文明制度建设研究”（MQY－2014－02），由内蒙古大学负责承担专题一《内蒙古草原碳储量及其增汇潜力分析》。专题报告包括内蒙古草地碳储量分析、内蒙古草地增汇潜力分析、草地碳汇监测与计量方法学、内蒙古典型区域草地碳汇潜力的评估、草地碳汇交易与定价的机制，以及研究概要与政策建议六个部分的内容。附录“可持续草地管理温室气体减排计量与监测方法学”可为草地碳汇方法学提供有益借鉴。关于草地碳汇相关前期研究曾得到德国国际合作机构（Deutsche Gesellschaft für Internationale Zusammenarbeit，GIZ）的资助和专家指导，课题实施过程中，中国社会科学院可持续发展中心内蒙古气候政策研究院给予了鼎力支持，中国社会科学院农村发展研究所项目组专家提供了诸多帮助，在此一并致谢。
本研究成果提供草地碳汇基础数据，提出完善生态补偿政策和牧区可持续发展的前瞻性解决方案，为政府决策提供科学依据，旨在推动草地碳汇示范基地的建立和碳汇交易平台的建设。

专题组

2015 年 5 月

第一章　内蒙古草地碳储量分析

内蒙古草原是典型的中纬度干旱、半干旱温带草原生态系统类型，这里不仅拥有我国面积最大的天然草地，也是我国最重要的畜牧业基地之一。草地碳储量是开展草地碳汇评估的基础数据，根据不同类型草地植被和土壤碳库的估算，可有效获取内蒙古草地总碳储量数据。

第一节　内蒙古草地类型及其分布

按照1:100万数字化中国植被图（图1－1），内蒙古草地面积（不含荒漠沼泽）为5361 $\times 10^4$ hm^2，约占土地总面积11830 $\times 10^4$ hm^2的45.32%。其中，典型草原分布面积最大，为2860 $\times 10^4$ hm^2，占总草地面积的53.35%；

草甸草原、荒漠草原、草甸分别占总草地面积的 11.68%、16.62%、18.35%（图1-2）。

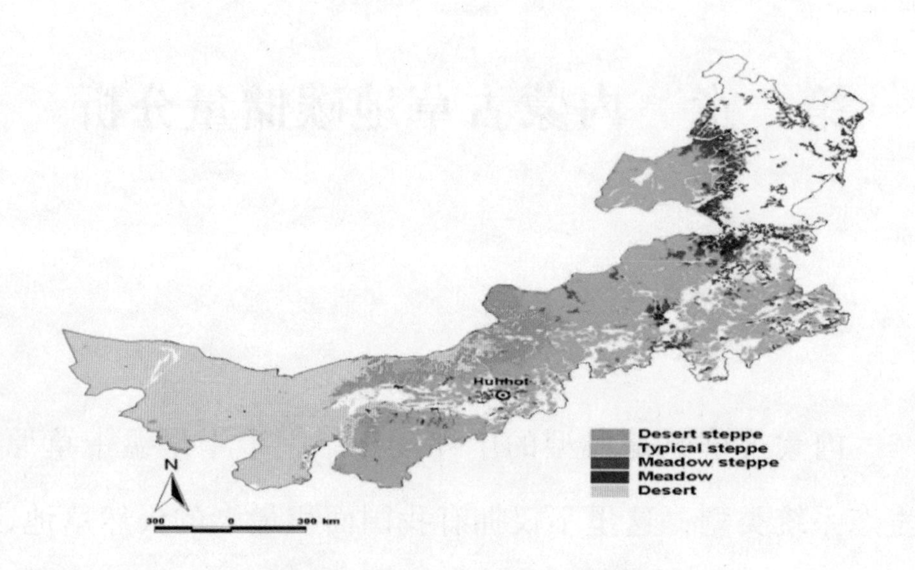

图1-1　内蒙古温带草地的分布

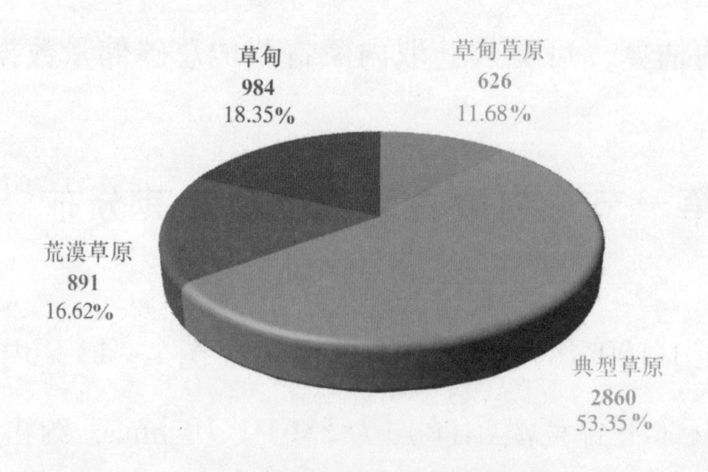

图1-2　内蒙古草地各植被类型的面积（$\times10^4hm^2$）及其所占比例

第二节　内蒙古草地植被的碳储量

根据实际调查的地面生物量数据，内蒙古草地单位面积的地上植物生物量碳密度为48.11g C·m^{-2}，地下植物根系碳密度为292.85 g C·m^{-2}。其中，草甸草原的植物生物量碳密度最高，地上植物生物量和地下植物根系碳密度分别为82.52 g C·m^{-2}和513.33 g C·m^{-2}；荒漠草原的植物生物量碳密度最小，地上植物生物量和地下植物根系碳密度分别为20.28g C·m^{-2}和121.55g C·m^{-2}（表1-1）。

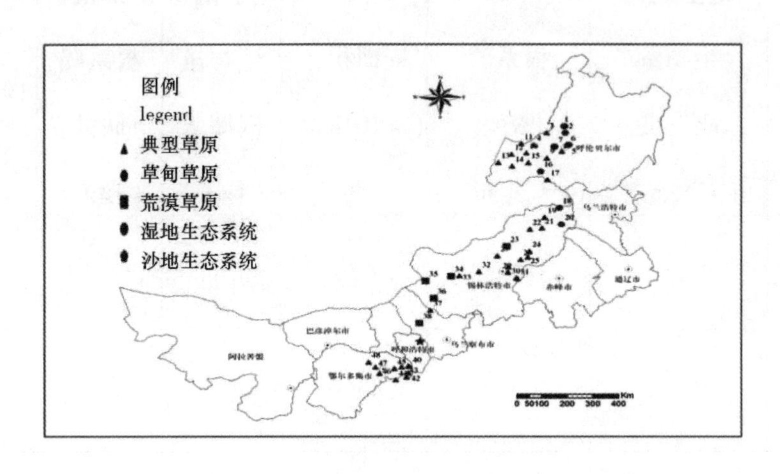

图1-3　草地生物量野外调查采样点分布图

在此基础上，测算出内蒙古草地植被碳储量为182.82 Tg C（1Tg = 10^{12}g），其中85%以上储存在地下，地上植物生物量和地下植物根系的碳储量分别为25.80 Tg C和157.00 Tg C。典型草原植被碳储量最大，为89.30 Tg C，占总草地植被碳储量的48.84%，其地上植物生物量和地下植物根系的碳储量分别是13.30 Tg C和75.98 Tg C；草甸和草甸草原的植被碳储量分别为43.58Tg C、37.30 Tg C；荒漠草原的植被碳储量最低，为12.64 Tg C，占内蒙古草地总植被碳储量的6.91%。

表1-1 内蒙古温带草地植被碳密度和碳储量

植被类型	地上植物生物量碳密度（$g\ C \cdot m^{-2}$）	地下植物根系碳密度（$g\ C \cdot m^{-2}$）	面积（$\times 10^4 hm^2$）	地上植物生物量碳储量（Tg C）	地下植物根系碳储量（Tg C）	植被碳储量（Tg C）
草甸草原	82.52	513.33	626	5.17	32.13	37.30
典型草原	46.52	265.65	2860	13.30	75.98	89.28
荒漠草原	20.28	121.55	891	1.81	10.83	12.64
草甸	56.05	386.8	984	5.52	38.06	43.58
合计	—	—	5361	25.80	157.00	182.80

注：由于沼泽类草地分布面积较小，未估算该类型的生态系统碳库。

有研究报道了内蒙古草地的植被碳储量，例如方精云等（1996）和朴世龙等（2004）分别利用草地清查资料和遥感数据，结合地下、地上生物量比例估算了中国草地碳储量，二者估算的内蒙古草地植被碳储量分别为274.0 Tg C和188.5 Tg C（表1－2）。

表1－2　不同研究对内蒙古温带草地植被碳储量的估算

文献来源	面积（$\times10^4hm^2$）	地上植被碳储量（Tg C）	地下根系碳储量（Tg C）	植被碳储量（Tg C）
方精云等（1996）	8700	39.4	234.7	274.0
朴世龙等（2004）	7010	29.3	159.2	188.5
本项研究（2014）	5362	25.8	157.0	182.8

在空间分布格局上，内蒙古草地的植被生产力从西南向东北呈增加趋势（图1－4）。西部地区的地上植被生产力平均低于100 $g\cdot m^{-2}$，地下植被生产力低于500 $g\cdot m^{-2}$；东部的地上和地下根系植被生产力则分别在200 $g\cdot m^{-2}$和1000 $g\cdot m^{-2}$以上。生物量的空间分布特征与我国温带草地分布区自西向东的气候梯度（干旱、半干旱和半湿润气候）有关。在大兴安岭西麓主要分布着

草甸草原，这里年降水量350—500mm，植被茂盛，生产力高；中部为面积广阔的典型草原，占据了呼伦贝尔、西辽河平原、锡林郭勒、乌珠穆沁的广阔地区，年降水量250—450mm；西部主要分布的是荒漠草原，年降水量150—250mm，植被稀疏、低矮，植被生产力水平最低。

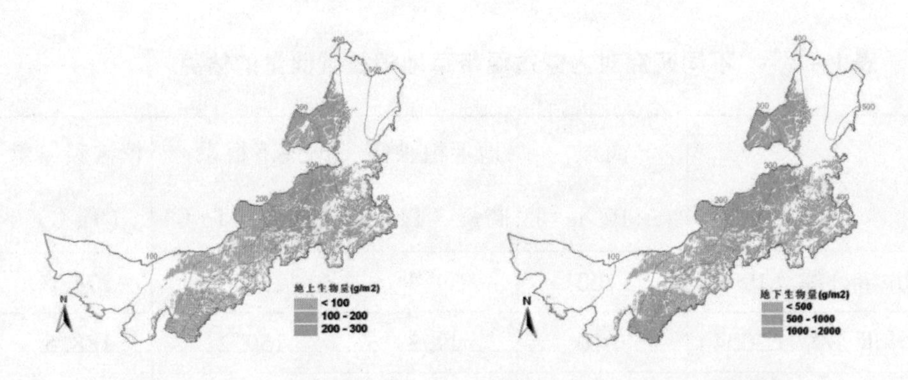

图1－4　内蒙古草地地上和地下生物量的空间分布格局

第三节　内蒙古草地土壤的碳储量

根据草地野外实际调查数据可知，内蒙古天然草地0—30 cm和0—100 cm的土壤有机碳密度平均分别为4.00 kg·m^{-2}和6.89 kg·m^{-2}。草甸草原、典型草原、荒漠草原和草甸1m深的土壤有机碳密度分别为11.80 kg·m^{-2}、7.06 kg·m^{-2}、4.01 kg·m^{-2}、4.69 kg·m^{-2}（图1　5）。

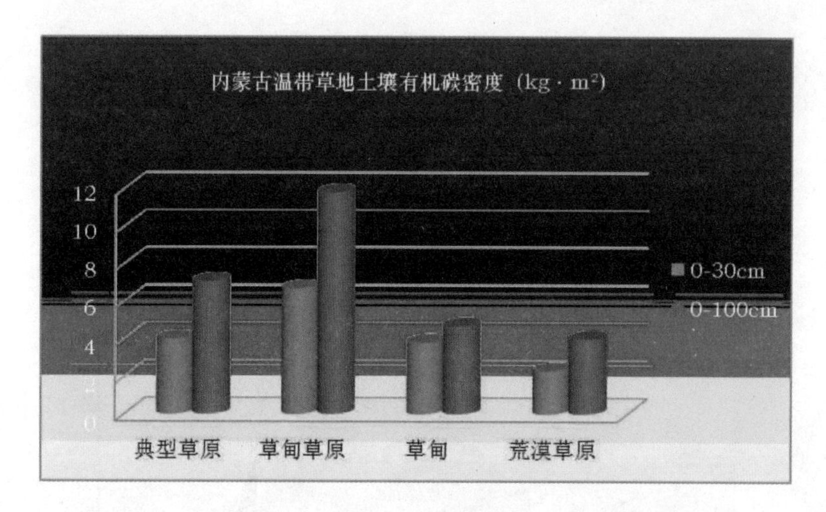

图1－5　内蒙古温带草地土壤碳密度及碳储量大小

据估算，内蒙古草地1m深土壤有机碳储量为3577Tg C，表层30 cm土壤有机碳储量约占1m土壤有机碳库的60%。其中，典型草原的土壤有机碳储量最大，约占内蒙古草地总土壤碳储量的56.5%；草甸草原、荒漠草原和草甸的土壤有机碳储量分别占内蒙古总土壤有机碳储量的20.8%、9.9%和12.8%。按照最近的一份研究报道所示，中国北方草地1m深土壤有机碳储量为16670 Tg C（Yang et al.，2010）计算，内蒙古草地土壤有机碳储量约为全国草地总土壤有机碳储量的21.5%。

与植被碳分布的空间格局基本一致，内蒙古土壤有机碳密度的空间分布格局也呈现出为东北向西南方向逐渐减小的趋势（图1－6）。

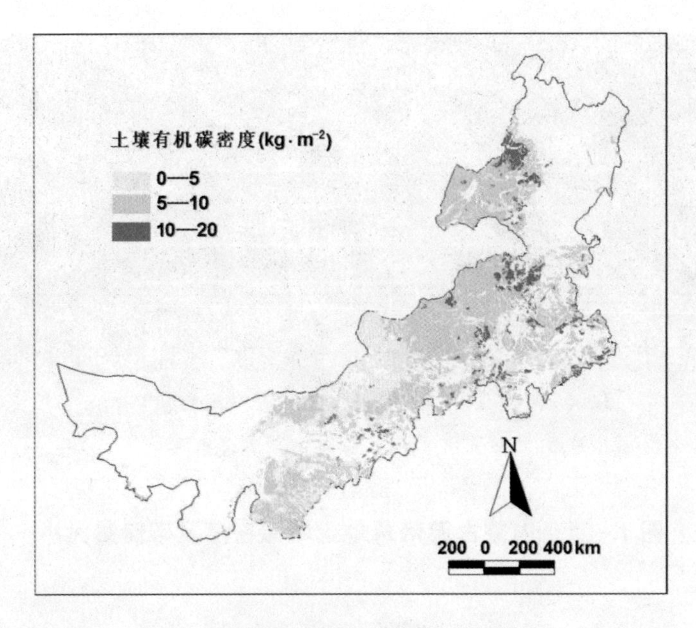

图1－6　土壤有机碳密度空间分布图（1m深）

位于大兴安岭西麓海拉尔以北地区和锡林郭勒高原东部部分地区的土壤有机碳密度最高，平均超过 $10\text{kg}\cdot\text{m}^{-2}$；呼伦贝尔高原大部分地区、锡林郭勒高原中西部地区、鄂尔多斯高原以及西辽河平原草地土壤有机碳密度为5—10 $\text{kg}\cdot\text{m}^{-2}$；锡林郭勒高原西部、二连浩特以西部分地区的有机碳密度最小。土壤有机碳密度大体上与内蒙古草原地区植被的分布、生物量的分布以及气候带的分布相吻合，由半干旱地区向半湿润地区递增，反映了气候、植被和土壤长期相互作用的结果。

第四节 内蒙古草地总碳储量

根据植被和土壤碳库的估算，内蒙古温带草地总碳储量为3760 Tg C。典型草原因为分布面积最大而具有最高碳储量，其碳储量为2110 Tg C，占全区草地总碳储量的56.1%；草甸草原和草甸的碳储量分别为780 Tg C、500Tg C；荒漠草原的碳储量最低，为370Tg C，占内蒙古草地总碳储量的9.84%（图1-7）。

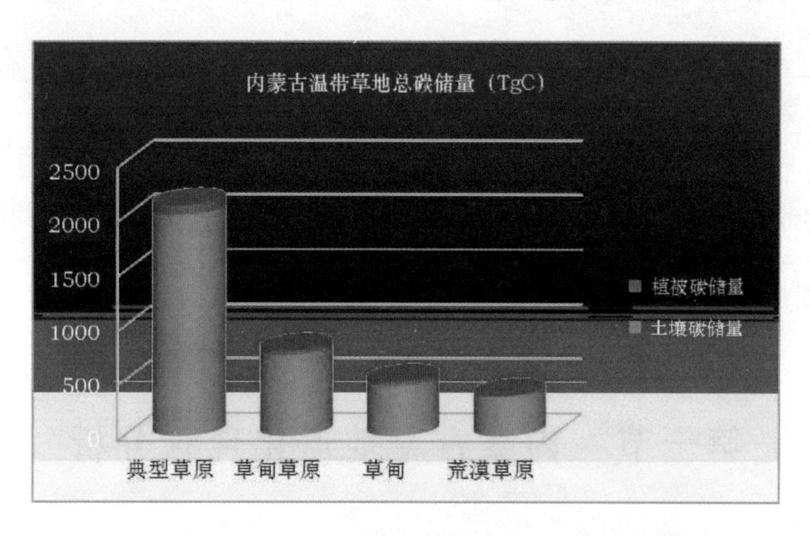

图1-7 内蒙古不同类型温带草地总碳储量

第二章　内蒙古草地增汇潜力分析与评估

大规模的人类活动（如开垦、放牧）和自然条件恶化已导致草原生态系统发生巨大变化，使得原来储存于其中的大量有机碳被释放。这也意味着如果采取有效的草地恢复和管理措施，植被能快速恢复，草原具有很大的固碳潜力空间和碳汇交易价值。

第一节　内蒙古草地退化现状分析

据21世纪初草原普查显示，草原“三化”面积占总面积的62%。草原退化对生物多样性产生了很大的影响，造成原生植物群落中的优势种群减少和消失，野生动物的生存条件和空间也逐渐缩小或消失，许多动、植物迅速消失或其分布面积、种群数量锐减。

草地过度放牧、乱开滥垦等现象导致内蒙古草地大部分地区出现不同程度的草地退化。目前内蒙古退化草地面积已达 2503.68 $\times 10^4$ hm^2，占全区草地可利用面积 6359.11 $\times 10^4$ hm^2的 39.37%，其中重度退化 435.78 $\times 10^4$ hm^2，中度退化 884.27 $\times 10^4$ hm^2，轻度退化 1183.63 $\times 10^4$ hm^2，分别占退化草地总面积的 17.41%、35.32% 和 47.28%。

第二节　内蒙古草地的增汇潜力

加强草地管理，改善草地的退化情况，可以显著提高内蒙古草地的碳固持。随着内蒙古自治区退化草地围栏封育和一系列禁牧、休牧政策的实施，内蒙古草地的退化状况有显著改善，使得内蒙古草地具有较大的增汇潜力（草地增汇潜力就是当退化草地恢复后该草地所固定的碳量）。

通过草原建设项目围栏、休牧、禁牧、飞播牧草、建设人工饲草料地和基本草牧场，加之生态移民等措施，使天然草场得到了休养生息，草场植被平均盖度、高度、产草量和优良牧草比例增加，退化和沙化草地有了明显的恢复。2013 年全区草原植被平均盖度为 44.10%，平均高度为 25.22cm。全区天然草原牧草生长高峰期平均干草单产为 64.54 公斤/亩。

我区草原保护工程主要是在东三盟市（呼伦贝尔市、兴安盟和通辽市）和西三盟市（阿拉善盟、巴彦淖尔市和鄂尔多斯市）实施的退牧还草工程和中部盟市实施的京津风沙源工程。草原保护工程的优点是因地制宜，根据当地的生态特点设置项目内容。退牧还草工程的项目内容包括围栏工程（包括禁牧、休牧、划区轮牧）和草场补播。沙源工程项目内容包括移民住房、飞播牧草、草地围栏、人工种草、棚圈建设、发放饲草料机械、修筑水源工程、节水灌溉等。

通过实施草原生态奖补机制，现在全区全面落实了禁牧和草畜平衡制度。全区草场中共有 4.5 亿亩草场实施禁牧，占被纳入奖补范围草场总面积 10.1 亿亩的 44.6%。目前原来退化、沙化草场都得到不同程度的恢复，有些草场已经恢复到可以正常利用的水平。

根据《天然草地退化、沙化、盐渍化的分级指标》

(GB 19377－2003) 和《天然草原等级评定技术规范》(NY/T 1579－2007), 结合内蒙古各类型草地分布面积, 采用草地地上生物量乘以草地总产量下降的比例得到草地总产量可增加量, 乘以退化面积给出地上生物量增汇潜力; 再用根冠比算出地下生物量可增加量, 得到地下根系增汇潜力; 两者相加得出草地植被增汇潜力; 最后, 加上草地土壤增汇潜力, 即可得到草地增汇潜力。

第三节 内蒙古草地碳汇的价值分析

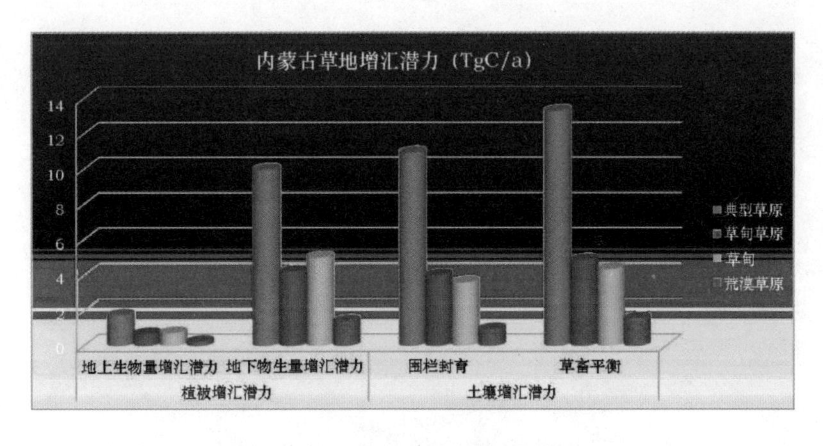

图 2－1 内蒙古草地增汇潜力

据测算, 内蒙古退化草地增汇潜力为 43.56—48.16 Tg C/a (平均固碳量为 4586 万吨/年)。如按造林成本法的固碳价格每吨 260.9 元计，围栏封育和草畜平衡两类措施潜在的自然碳汇价值分别为 113.65 亿元/年和 125.65 亿元/年（图 2－1）。如仅按国内目前碳交易价格 50 元/吨（参照北京环境交易所）计，内蒙古草地碳汇价值近 23 亿元/年。由此得知，在内蒙古退化草地（不含荒漠）恢复过程中，草地固碳（减排）价值每年为 61.2—318.6 元/亩。

第三章　草地碳汇监测与计量方法学

方法学对基于市场的项目来说是必须具备的工具，它也是用来阐明项目的可信性、计算基准线和项目排放量的手段，并且还要用此方法在项目完成后检测其减排量。发展方法学可以拓宽基于CDM机制的覆盖范围，一个新方法学的诞生意味着为一个新的项目开辟了一条获得碳资产的道路。碳汇计量方法学是构建标准化草地碳汇项目、实现交易运行的关键。

第一节　草地碳汇监测方法学

草地碳汇是指通过植物的光合作用吸收大气中的二氧化碳并将其固定在植被或土壤中，从而降低该气体在大气中的浓度。增汇活动能够减少大气中温室气体含量，其手段主要包括两方面：一是减少排放源，保护好现有的草地碳储量，防止破坏草地，使现有草地所固定的碳不会被释放到大气中；二是增加吸收汇。联合国政府间气候变化专门委员会（Intergovernmental Panel on Climate Change，IPCC）所提出的碳计量和监测方法为草地碳汇评估提供了基础方法。

2014 年由中国农业科学院农业环境与可持续发展研究所与联合国粮农组织（FAO）合作开发的《可持续草地管理温室气体减排计量与监测方法学》通过国家清洁发展机制理事会和专家评审，成为我国首个在国家发改委备案的农业领域温室气体自愿减排方法学（见附录）。该方法学的主要内容包括方法学的适用条件、项目边界、基线情景的确定、额外性论证，以及温室气体减排增汇的计量方法和监测计划。这一方法学为量化我国草地管理措施的固碳减排贡献、对草地管理产生的碳汇进行国内交易提供了科学方法，使牧民获得碳汇补偿成为可能，为草地碳汇评估提供了参考。

一　项目的碳汇监测

《京都议定书》明确规定，一个项目必须能够带来长期的、实际的、可测量的、额外的减排量。对于如何识别、开发、审定和批准合格的项目，以及如何在项目实施前进行事先估计及实施后计算项目产生的排放量等问题，是各参与方都需要面临的、不可回避的问题。因此，国际规则要求建立相关领域的方法学，以便能够对项目的基准线情景的识别、额外性论证、基准线排放量计算、项目排放量计算、泄漏计算、监测计划的制订和执行等问题进行指导。

草地碳增汇项目的核心监测内容为项目执行前后草地碳储量的变化。对碳储量变化的监测有多种手段，如样地连续观测法、模型模拟法、遥感方法、涡度相关测定法等。利用不同时期监测所得的碳储量之差即碳储量净变化，减去由 A/R CDM 项目活动引起的边界内的温室气体排放的增加量，即实际净温室气体汇清除，见式（1）。

$$CPro, j_t = \triangle CPro, j_t - GHGE, t - LK_t - \triangle CBSL, t \quad (1)$$

式（1）中，$CPro, j_t$——第 t 年的项目净碳汇量

($tCO_2-e\cdot a^{-1}$); $\triangle CPro, j_t$——第 t 年碳储量的变化量($tCO_2-e\cdot a^{-1}$); GHGE, t ——第 t 年项目边界内温室气体的排放($tCO_2-e\cdot a^{-1}$); LK_t——第 t 年项目活动引起的泄漏($tCO_2-e\cdot a^{-1}$); $\triangle CBSL, t$——第 t 年基线碳储量变化量($tCO_2-e\cdot a^{-1}$); t——项目开始后的年数(a)。

基线方法的选择一般依据以下情景而定:

(1)项目边界内现在的或历史的碳库中碳储量变化。

(2)在考虑投资障碍的情况下,经济上可行的一种代表性土地利用方式所产生的碳库中碳储量的变化。

(3)项目开始时,最可能的土地利用方式所产生的碳库中碳储量的变化。

图 3-1 野外监测调查

二　草地碳库监测与碳汇计量方法

1. IPCC 的草地生态系统碳库估算

IPCC 方法中定义，草地生态系统包括木本多年生植物和草本多年生植物，对于前者计算植物碳库的变化时包括地上和地下两部分，对于后者计算植物碳库的变化时只考虑地下部分。在 IPCC 方法中，草地生态系统碳库的变化可以采用式（2）估算：

$$\Delta C = \Delta C_B + \Delta C_S \qquad (2)$$

式（2）中，ΔC、ΔC_B和ΔC_S分别是总有机碳、植物有机碳和土壤有机碳的变化量。

（1）植被碳库变化

植物有机碳库的计算可以用式（3）：

$$\Delta C_B = \sum \sum \sum \Delta C_{Bc,i,m} \qquad (3)$$

式（3）中，$\Delta C_{Bc,i,m}$是草地类型为i、气候类型为c和管理措施为m时的生物有机碳的变化量。方法是计算两期植物碳库的平均变化值：

$$\Delta C_{Bc,i,m} = (C_{B2} - C_{B1}) / (t_2 - t_1) \qquad (4)$$

式（4）中，C_{B2}和C_{B1}分别是时间t_2和t_1时的植物碳库。包括地上和地下两部分，可以用式（5）、式（6）

计算：

$$C_B = C_{BAG} + C_{BBG} \quad (5)$$

$$C_{BBG} = C_{BAG} \times R \quad (6)$$

式（5）中，C_B是生物有机碳量，C_{BAG}和C_{BBG}分别是生物有机碳的地上部分和地下部分；式（6）中，R为地下与地上生物量的比值。

（2）土壤碳库的变化

在IPCC方法中，矿物土壤有机碳的估算可以采用以下方法：

$$\triangle C_{MINERAL} = [(SOC_0 - SOC_{0-T}) \times A] / T \quad (7)$$

$$SOC = SOC_{ref} \times F_{LU} \times F_{MG} \times F_1 \quad (8)$$

式（7）中，$\triangle C_{MINERAL}$是矿物土壤有机碳的变化量，SOC_0和SOC_{0-T}分别是现在和T年前的土壤碳量（t C/hm^2），A是草地面积（hm^2）；式（8）中，SOC_{ref}是参考土壤有机碳（t C/hm^2），F_{LU}、F_{MG}和F_1分别是草地类型、管理措施和输入修正因子。

2. 草地碳汇计量方法

草地是复杂的、开放性的生态系统，对其进行计量是摆在全球科学家面前的科学难题。草地地表覆被在空间上具有明显的异质性（地带性），在时间上具有季节变化和年际波动性，用不同时间段的观测资料和不同的研究方法确定碳计量结果往往有很大的差异，这些都对草地碳库计量造成影响。

生态系统的碳汇计量方法主要包括野外调查直接测量法、系统机理模型估算法和清单法三大类别。直接测量法用于直接测量水体、植被、土壤以及气体之间的碳通量，主要用于中小尺度，是目前为止最为准确的方法，还经常用来当作大尺度研究的验证方法。在大尺度区域研究上，由于无法用实际测量的办法获得真实值，模型估算法和清单法就成为两种重要的替代方法。

由于碳的来源不同，因而使用的碳计量野外调查直接测量法不同。净初级生产力测定法、总溶解碳测量法和熏蒸法主要用来测定植被碳、水体碳和土壤微生物碳。而涡度相关法、同位素示踪法和箱式法主要用于观测地表覆被与大气之间的碳通量。其中，涡度相关法因能长期、实时地测定生态系统与大气之间的碳通量，且能为碳循环模型的建立和校准提供基础数据而闻名，因此它已作为碳通量研究的一个标准方法在国际上获得广泛应用；箱式法作为一种估测净碳交换的传统方法，通过测定箱内的 CO_2 和 CH_4 等气体浓度随时间的变化来计算地表覆被与大气间的碳通量，该方法因成本低、操作方便、适宜进行小尺度测量而得到广泛应用，并常作为大尺度湿地碳估算的验证数据。

模型估算法包括气候相关统计模型法、反演模拟法、生态系统过程模型法和光能利用率模型法等。前两种方法的主要缺点是缺乏严密的机理解释，取样密度很低，且忽略了其他环境因子的作用及异常气候条件对 NPP 的影响。因而模型的潜力受到一定限制。生态系统过程机理的模式主要是从农业和森林生态系统中建立起来的，综合考虑了气象、土壤、水文和植被对碳循环的控制作用，建立模型模拟生态系统净生产力和年度碳平衡等参数，代表模型有 HRBM 模型、CENTURY 模型、BIOME – BGC 模型和 BM 模型等。机理模型的可靠性较高，但由于要求输入参数较多，在参数的可获得性、可靠性和尺度转化等方面问题较多。通常为了照顾数据的可获得性人为地简化参数又限制了模型的精度。光能利用率模型又称生产效率模型，以 CASA 模型、GLO – PEM 模型和 C – FIX 模型等为代表。光能利用率模型顾名思义是以植物光合作用过程和光能利用率为基础建立的。基于资源平衡观点，主要利用由卫星遥测的大范围的光合有效辐射、光合有效辐射吸收率、植被指数和光能利用率等数据来估算总初级生产力（Gross Primary Productivity，GPP）和净初级生产力（Net Primary Productivity，NPP)，能够反映出大范围气候变化对 NPP 的影响。目前，NOAA－AVHRR、SPOT、TM 以及 MODIS 等航空遥感和微波遥感数据源已广泛应用于 GPP 和 NPP 的遥感估算，并有成熟的数字产品通过互联网渠道获取。

清单法原理是根据生物量与碳转换系数相乘得到碳密度，利用碳密度乘以面积得到碳储量。清单法可以灵活地结合直接测量法与模型法计算不同碳源后进行求和，它具有直接、明确、技术简单等优点，在碳计量与估算中得到广泛应用。

不论使用哪种方法，所要获得的与碳计量相关的指标体系是相同的。草地碳汇计量的主要指标有以下几个。

（1）草地植被碳密度（plant carbon density)

用公式（9）计算：

$$GBCD_i = NPP_i \times C_i \tag{9}$$

式（9）中，$GBCD_i$ 为第 i 类草地植被的碳密度（kg/hm^2），NPP_i 为第 i 类草地植被净初级生产量（烘干重）（kg/hm^2），C_i 为第 i 类草地植被的有机碳含量（%）。

（2）草地土壤碳密度（soil carbon density）

由公式（10）计算：

$$SCD_i = h_i \times B_i \times SC_i \tag{10}$$

式（10）中，SCD_i 为第 i 类草地土壤的碳密度（kg/hm^2），h_i 为第 i 类草地土壤容重所测深度（m），B_i 为第 i 类草地土壤平均容重（g/cm^3），SC_i 为第 i 类草地土壤有机碳含量（%）。

（3）草地植被年固碳量（carbon fixation by photosynthesis）

草地植被年固碳量是指某类型草地一年中固定二氧化碳的量。这和草地的净初级生产量密切相关。公式如（11）所示：

$$G_i = NPP_i \times C_i \times S_i \tag{11}$$

式（11）中，G_i 为第 i 类草地植被年固碳量（t·a），NPP_i 为第 i 类草地植被净初级生产量（烘干重）（kg/hm^2），C_i 为第 i 类草地植被的有机碳含量（%），S_i 为第 i 类草地植被的面积（hm^2）。

（4）草地植被碳储量（carbon storage of vegetation）

草地植被碳储量是指碳素在草地生态系统中的存留量，与草地生物现存量关系密切。计算公式见（12）：

$$GT_i = G_i + G_i \times R \tag{12}$$

式（12）中，GT_i为第 i 类草地碳储量（t），G_i为第 i 类草地植被固碳量（t · a），R 为地下与地上生物量的比值。

（5）草地土壤碳储量（soil organic carbon pool）

草地土壤碳储量是指碳素在土壤中多年的蓄积量。

$$GS_i = SCD_i \times S_i \tag{13}$$

式（13）中，GS_i为第 i 类草地土壤碳储量（Tg C），SCD_i为第 i 类草地土壤的碳密度（kg/hm^2），S_i为第 i 类草地植被的面积（hm^2）。

3. 草地碳汇价值的计算

（1）植被固碳潜力

$$C_{AP} = CD_A \times S_i \times P_i \tag{14}$$

式（14）中，C_{AP}为地上生物固碳潜力（Tg/a），CD_A为植被地上碳密度（kg/hm^2），S_i为退化草地面积（hm^2），P_i为生物量潜在恢复力（%）。

$$C_{BP} = CD_B \times S_i \times P_i \tag{15}$$

式（15）中，C_{BP}为地下生物固碳潜力（Tg/a），CD_B为植被地下碳密度（kg/hm^2），S_i为退化草地面积（hm^2），P_i为生物量潜在恢复力（%）。

$$C_{TP} = C_{AP} + C_{BP} \tag{16}$$

式（16）中，C_{TP}为植被固碳潜力（Tg/a）。

（2）土壤固碳潜力

$$C_{SP} = V_{SC} \times S_i \tag{17}$$

式（17）中，C_{SP}为土壤固碳潜力（Tg/a），V_{SC}为土壤固碳速率［tC/（hm^2·a）］，S_i为退化草地面积（hm^2）。

（3）草地碳汇价值

$$V_T = (C_{TP} + C_{SP}) \times P_C \tag{18}$$

式（18）中，V_T为碳汇价值（元），C_{TP}为植被固碳潜力（Tg/a），C_{SP}为土壤固碳潜力（Tg/a），P_C为固碳价格（元/吨碳）。

4. 释氧价值的计算

根据植物光合作用化学反应式，草原植被每年积累1克干物质，可以固定1.62克二氧化碳，制造1.20克氧气。草原每年制造氧气物质量采用公式（19）计算：

$$V_O = 1.20AB \times P_O \tag{19}$$

式（19）中，Vo为草原年释氧价值（元/年），B为草原净生产力［吨/（hm^2/a）］，A为草原面积（hm^2），P_O为释氧价格（元/吨碳）。

实现草地碳汇交易，可使草原生态系统服务功能的价值得到基本体现。此外，草地还具有防风固沙、涵养水源、保持水土、净化空气以及维护生物多样性等生态系统的服务功能，在碳汇价值评估方面也应该给予考虑。

第二节 基于遥感技术的草地碳库监测与碳汇计量方法

草地生态系统作为复杂的开放系统，其碳素分布在空间上具有不均匀性，在时间上的分布具有明显的周期性与动态性，这造成了很难在大尺度空间上通过实地测量监测获取碳计量参数。遥感技术以其覆盖面积大、时效性强、信息量巨大等优势成为生态系统碳素循环机理研究与监测模拟的不可或缺的重要手段。遥感技术则具有以下优势：①遥感获取数据资料的范围广阔，上至高轨卫星，下至无人机航摄飞机，一张遥感图像可覆盖上万平方公里的土地面积。这种程度的宏观数据对全球大尺度资源环境研究极为重要。②遥感获取信息周期短、时效性强、速度快。特别是地球观测卫星遥感数据，其周期性的固定轨道运行，提供了大范围高频率的实时更新监测结果，这些监测结果为我们提供了海量的信息，不仅可以用于区域变化动态研究，还可以应用它们进行模拟、仿真以实现对未来变化趋势的预测，这是传统研究方法所无法比拟的。③遥感数据采集受地面条件等自然因素的限制小。航天遥感可以实时覆盖全球表面，包括人类难以触及的区域，为人们提供第一手的珍贵资料。④遥感手段多样，可获取多种电磁波谱信息，针对不同的任务需求，可以选用多光谱、高光谱、全色、被动微波以及雷达等不同的传感器，同一传感器还可以包含多个波段，从而获得更为丰富的地表信息。由于不同电磁波的穿透性不同，所以在获取地物表面信息的同时，还可应用被动微波、雷达等对冰层、水层、雪层等地物内部信息进行探查。

遥感技术被用于生态环境监测已有近 50 年的历史，其在土地利用、土地覆被变化监测、地表过程机理监测方面都日趋成熟。本项目研究中，应用遥感影像分类解译技术可实现对不同类型草地分布提取与面积统计（图3－2）；影像解译数据进一步与实测碳密度数据（不同类型草地植被碳密度、土壤碳密度）结合计算区域碳库储量；在对退化草地面积遥感提取的基础上，应用草地退化前后遥感变化检测分析实现草地固碳潜力评估；应用遥感光能利用率模型所生产的植被 NPP。评估草地植被年固碳量，并换算年释养价值，以全面评估草地碳增汇潜力。

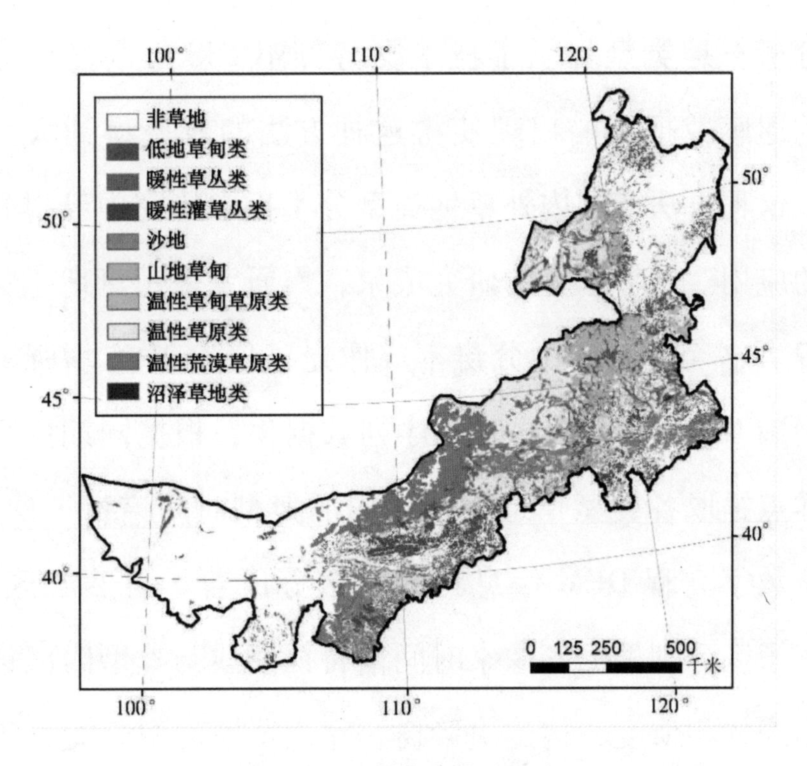

图 3－2　内蒙古草地分布

一　基于遥感的草地碳库储量监测

在评测植被碳库、土壤碳库时，由于草地资源面积大，传统的野外采样获得区域草地类型图的方法耗时、费力、主观性大。从 20 世纪 60 年代开始研究者已采用大比例尺航片进行目视解译和判读来进行草地类型划分。随着遥感技术的发展，开始采用改进的 AVHRR 数据、美国陆地卫星 landsatTM 等数据及其归一化植被指数 NDVI 数据在草地分类等方面做研究，为实现大范围、短周期的监测和分析草地类型提供了技术支持。MODIS 等高光谱分辨率的遥感数据源的出现使得这种方法的效率得到大大提高。这种方法在国内外草地类型分类提取研究中已得到大量的应用。参考已有的研究成果，本研究采用草地生长期 4—9 月各个时相的中分辨率成像光谱仪 MODIS 增强型植被指数 NDVI 数据构建时间序列数据集，根据同期的野外采样点提取各类型草地生长期内的典型时间谱特征曲线，结合数字高程 DEM 信息将研究区分成若干自然子区域。在各子区分别根据各像素时间谱特征曲线与典型时间谱特征曲线的相似度，构建决策树，完成草地类型分类。MIODIS 数据免费获取且适合用于大区域遥感监测使得低成本、高精度、宏观的遥感草地类型划分成为可能。

二　基于遥感的草地固碳潜力评估

在全球变暖和人为因素的影响下，内蒙古草地普遍出现退化的现象，从而直接降低了草地生态系统的固碳能力。如通过干预手段恢复草地的生产力，则可带来额外的碳增汇。这种增汇的能力与现今草地退化的程度高度相关。通过对比20世纪80年代与当前的遥感影像，获取草地退化程度信息与生产力变化数据，可以估算草地恢复后年固碳增加的情况。通过遥感技术手段，可监测到草地植被表面的叶绿素波段的反射率，从而计算出植被进行光合作用时所吸收的辐射能量，再结合实测模拟的不同植被光生理模型，可换算出草地植被年有机碳产量。根据图3-3所示的固碳潜力原理获得多年遥感数据即可计算出草地植被多年的年固碳量，从而得出其退化前和退化后每年固碳量的变化量，最终得到不同草地类型固碳的增汇潜力。

三　基于遥感的草地植被年固碳量监测

陆地植被净初级生产力NPP指植物在单位时间、单位面积上由光合作用产生的有机物质总量中扣除自养呼吸后的剩余组成。NPP不仅是生态系统过程的关键调控因子，而且是陆地生态系统碳汇的主要决定因子。随着全球气候变化研究的不断深入，植被净初级生产力在研究全球变化对生态系统的影响、响应和决策中，成为一项不可或缺的指标和核心内容，掌握 NPP 年际间的变化规律，对评价陆地生态系统的环境质量、调节生态过程以及估算陆地碳汇具有重要的理论和实际意义。

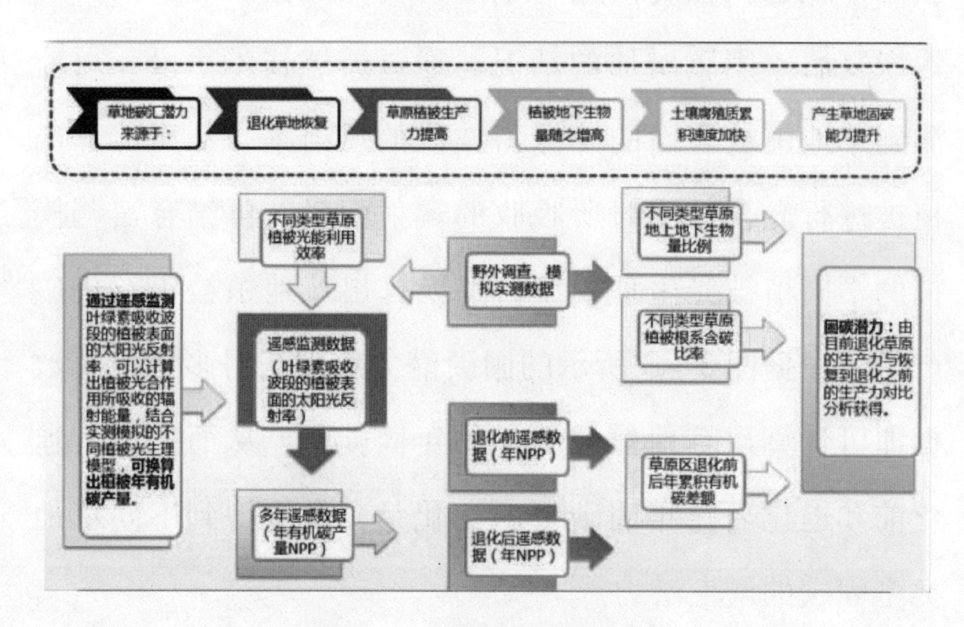

图 3-3　固碳潜力原理分析

草地 NPP 直接反映草地植物群落在自然环境条件下的生产能力，表征了草地生态系统的质量状况。草地 NPP 是草地固碳能力的重要表征，是判定草地生态系统碳汇和调节生态系统的主要因子。内蒙古幅员辽阔，传统的草地 NPP 监测方法无法直接和全面地测量，不能反映草地 NPP 的动态变化，利用模型估算草地 NPP 已经成为一种重要且被广泛接受的研究方法。遥感技术的发展使得区域 NPP 估算成为可能。

对植被光能利用率的估算是估算草地 NPP 的重要途径。光能利用率是植物光合作用的重要概念，也是区域尺度以遥感参数模型监测植被生产力的关键参数。全球气候变化问题的凸显和遥感技术的广泛应用，使基于光能利用率的遥感模型被普遍应用于区域生态系统，甚至全球尺度生态系统监测和评价中。利用卫星遥感资料估算陆地生态系统生产力近来也被认为是模拟生产力对全球变化响应的潜在的有效方法。

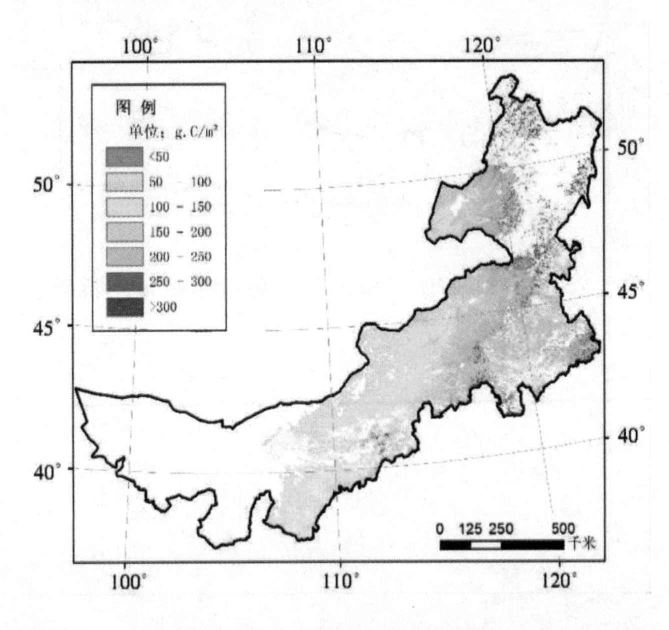

图 3－4　2000—2014 年内蒙古草地植被年均固碳量

MODIS－NPP 产品是基于光能利用率原理发展而来的全球范围的遥感数据产品，自发布以来被广泛地应用于各种植被生产力的评价和应用研究。因此可直接下载免费的 MODIS－NPP 产品应用到草地固碳潜力变化研究中，以达到高效监测的目的（图 3－4、图 3－5）。

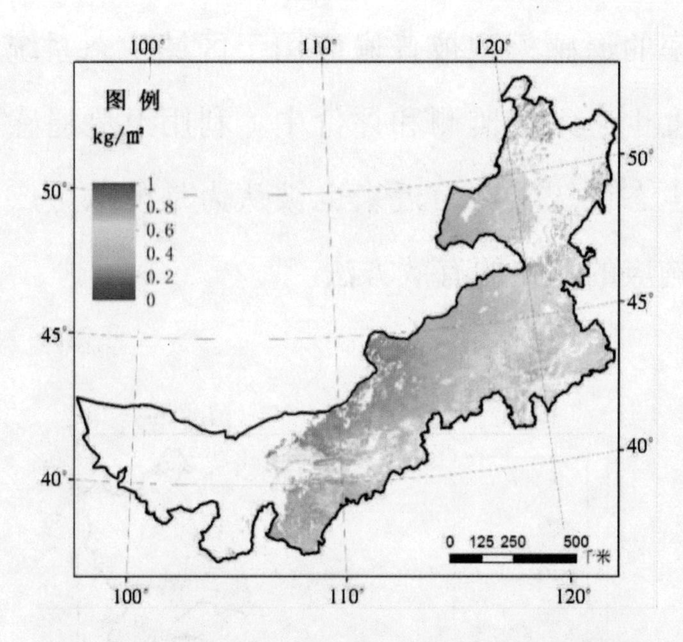

图 3－5 2000—2014 年内蒙古草地植被年均释氧量

第四章　内蒙古典型区域草地碳汇潜力的评估

在内蒙古草地碳汇评估的基础上，对不同典型区域草地管理措施下的碳汇变化进行考察，探索增汇措施，寻求潜在碳汇项目，使草地碳汇具有额外性，以满足其可交易性。内蒙古典型区域草地碳汇潜力的现状评估分别选择具有代表性的草地类型进行调研分析，包括四子王旗荒漠草原降低放牧压力区，锡林郭勒典型草原牧场围栏封育和退耕还草区，鄂尔多斯退化草地恢复区。

第一节　四子王旗荒漠草原放牧管理制度试验区

研究表明，重度放牧显著降低荒漠草原地上植被生物量，对照区和轻度放牧区的地上生物量显著高于重度放牧区，说明重度放牧对荒漠草原地上植被生物量有明显的限制效应（图4－1）。

图4－1　内蒙古草地放牧区

（1）荒漠草原植物地下根系主要集中于土壤表层（0—20cm），表层根系生物量在对照、轻度、中度和重度区分别占总根系生物量的56%、59%、55%和55%，表明轻度放牧有利于表层0—20cm土层中地下生物量的增加。

（2）通过在内蒙古荒漠草原区建立人工草地，并对其固碳量进行分析，结果表明，荒漠草原人工草地的固碳量要明显高于天然草地。这也说明在荒漠草原开展人工种草、推广人工草地有利于草地固碳潜力的增加（表4-1）。

表4-1 荒漠草原不同类型人工草地植被固碳量

（单位：$kg \cdot ha^{-1}$）

人工草地类型	根系固碳量	地上植被固碳量	植被总固碳量
柠条	11735.13 ± 4756.25 A	1895.85 ± 809.89 C	13630.98 ± 5549.63 A
小叶锦鸡儿	9569.67 ± 5084.54 B	1873.88 ± 816.26 C	11443.55 ± 4785.66 A
紫花苜蓿	8298.91 ± 4888.87 B	5482.32 ± 296.85 A	13781.23 ± 4927.21 A
围栏天然草地	1283.98 ± 628.59 D	1462.02 ± 108.63 D	2746.01 ± 571.33 C

注：不同大写字母表示 $p<0.05$ 水平下差异显著。

第二节 锡林郭勒盟典型草原试验区

一 典型草原围栏封育试验区

长期的定位监测表明，典型草原碳库特征及其过程与机理主要表现在：

(1) 典型草原群落地上生物量、群落高度随退化程度的增大而减小（图4－2、表4 －2）。

图4－2 内蒙古典型草原围栏封育试验区

表4－2 不同退化阶段典型草原植物群落地上生物量

研究样地	群落类型	生物量（$g \cdot m^{-2}$）	群落高度（cm）
严重退化群落	冷蒿群落	113.98	4.94
恢复10年群落	冰草群落	236.66	31.61
恢复23年群落	大针茅群落	280.98	32.66

（2）退化群落土壤碳库明显低于恢复群落，植被恢复可明显增加草地生态系统碳库。退化草原土壤碳库的减少主要表现在地表0—10 cm处，其下土壤碳库则较为稳定（图4－3）。放牧特别是重度放牧，显著增加了地表径流系数和地表径流量，往往会造成土壤侵蚀，而土壤侵蚀可能会对土壤碳库，特别是表层碳库造成较大影响，这也是退化草原碳库变化的重要因素。

二 锡林浩特市草地的增汇潜力

锡林浩特市草原总面积145.06×10^4 hm^2，可利用草原面积137.62×10^4 hm^2，草原退化面积55.19×10^4 hm^2。其中，轻度退化面积为27.59×10^4 hm^2、中度退化面积为16.56×10^4 hm^2、重度退化面积为11.04×10^4 hm^2。经核算，锡林浩特市退化草地增汇潜力为0.733—0.869Tg

C/a（图4 -4），如按照固碳价格为260.90元/吨碳，估算出锡林浩特市草地碳汇的价值为1.91亿—2.27亿元/年。

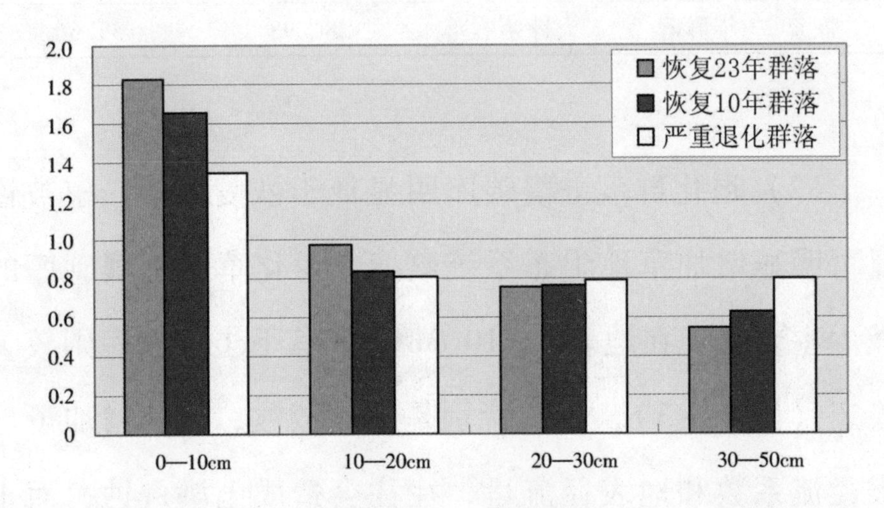

图4 -3 典型草原不同恢复阶段土壤碳库的垂直格局

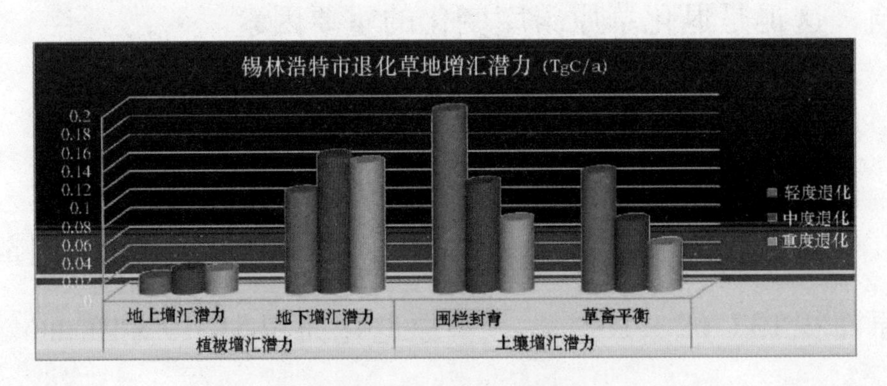

图4 -4 锡林浩特市退化草地增汇潜力

主要恢复措施为封山育林、人工造林、飞播造林、围栏封育、改良草场、划区轮牧、人工种草、建高产饲料基地等，其中，人工种草保有面积 0.14×10^4 hm^2，围栏草场 88.00×10^4 hm^2，改良草场 0.67×10^4 hm^2，基本草牧场 0.67×10^4 hm^2。

第三节　鄂尔多斯鄂托克前旗退化草地恢复试验区

内蒙古鄂托克前旗全面实施农牧业经济“三区”发展规划。“三区”即农牧业优化开发区、农牧业限制开发区、禁止开发区。

通过现场调研，结合旗县、苏木、嘎查、牧户座谈，项目组对鄂托克前旗“三区”的不同管理措施下草地的碳汇潜力进行了定性评价，分别选取了藏锦鸡儿（Caragana tibetica）围封保护区、围封禁牧区的柠条（Caragana intermedia）种植试验区、太阳能暖棚基地、苜蓿（alfalfa）种植饲草料基地、畜牧业品种改良（肉羊和山羊）基地以及马兰花种植试验区等进行了定性对比，从碳汇潜力、成本预期、后期管理、风险控制等方面进行综合评价以筛选具有最佳草地碳汇潜力的项目（表4－3）。

表4－3　鄂托克前旗不同管理措施下草地碳汇潜力评估

活动措施	碳汇潜力	成本预期	后期管理	组织机构	风险控制	政策支持	可推广性
藏锦鸡儿围封保护区	★	★★★ ★★	★	政府	★	✓	★
柠条种植试验区	★★★ ★★	★★★	★	政府＋牧户	★	✓	★★★ ★★
太阳能暖棚基地	★★★★	★★★ ★★	★★★★	政府＋牧户	★★★★	✓	★★
畜牧业品种改良基地	★	★★★★	★★★★	政府＋合作社	★★★★	✓	★★
苜蓿种植饲草料基地	★★★ ★★	★★★ ★★	★★★ ★★	牧户	★★★ ★★	?	?
马兰花种植试验区	★	★★★ ★★	★★★ ★★	政府	★★★ ★★	✓	?

第五章　草地碳汇交易与定价机制

第一节　碳汇相关的交易市场

碳汇在广义上指从空气中清除二氧化碳的所有过程、活动、机制，主要是指植物通过光合作用吸收大气中的二氧化碳，并把二氧化碳固定在自身和土壤中的活动过程和机制。陆地生态系统碳汇功能是指生态系统以有机物质的形式暂时或永久性地贮存碳的功能，具有贮存碳功能的各生态系统组成部分或类型都可以称为不同名称的碳汇。按生态系统和植被类型划分可分为森林、草原、农田、湿地、水体等的碳汇。植物碳汇大约贮存了陆地大气中碳贮存量的62%。如果人类活动释放到大气中的二氧化碳的量超过同期地球大气二氧化碳的减少量及海洋吸收量，就会产生碳失汇，进而引起温室效应及全球变暖。碳汇抵消着碳源，维持大气中二氧化碳在可控浓度范围内，以维持温室效应指数处于正常水平，减缓气候变暖趋势。碳汇是人类及其环境存在的基础和前提，表达着自然的“内在价值”，地球宝贵的森林、草原、湿地等的碳汇对于稳定全球气候、净化和涵养水源等方面起着关键性的作用。

一 国际碳交易市场

国际上的碳交易实际上是一种关于碳排放权利的交易，它起源于1997年12月的《京都议定书》，这是国际上第一个具有法律约束力的旨在防止全球变暖而要求减少温室气体排放的条约。《京都议定书》规定了三种履约机制：清洁发展机制（Clean Development Mechanism，CDM）、联合履行机制（Joint Implementation，JI）、排放贸易机制（Emissions Trade，ET）。CDM和JI是以项目为基础的交易市场，负有减排义务的缔约国通过国际项目合作获得的减排额度，补偿不能完成的减排承诺；ET是以配额为基础的交易市场，通过人为控制碳排放总量，造成排放权的稀缺性，并使这种稀缺品成为可供交易的商品。CDM 的一个重要意义在于发达国家提供额外的资金或技术，帮助发展中国家实施温室气体减排项目，所获得的碳信用额度，用于抵减发达国家（投资方）的减排量，同时要求这些项目要有助于促进发展中国家的可持续发展。

在《京都议定书》建立的约束体制下，排放温室气体的权利成为具有商业价值的资源，全球主要经济体陆续成立了碳排放权交易市场。截至 2013 年全球市场上碳排放交易方案已达 300 亿美元（世界银行，2014）。种种迹象表明碳排放权交易市场已经从一项协商下的政策工具成功转型为经济机能的市场，并向着金融与融资功能方向发展。初期市场运营的主体为政府出资机构和策略公司，现今市场运营的主体已转变为大型工业温室气体排放者、国家金融机构、大型对冲基金、碳基金和清洁能源科技供应商等。法律、法规以及保险业的参与为碳交易市场运行保驾护航，项目二氧化碳总量交易成为碳交易市场运行的基本构件，交易量的评估目前以项目评估为主。据预测，截至 2020 年，全球碳市场交易额将达 2500 亿—3000 亿美元。

《京都议定书》框架下的国际碳交易 CDM 项目，大都是减少排放的工业项目，而以森林碳汇为主的 CDM 项目由于技术规则、管理运行及程序的复杂性以及不确定性等诸多因素，导致其在全球 CDM 项目中所占的比例和交易量都比较小。目前，国际社会对林业的关注逐渐扩展到了包括减少毁林及森林退化涉及的排放（REDD），以及森林保护、森林可持续经营和森林碳储量增加（REDD +），中国在提高森林经营管理方面存在很大的空间。过去我们只强调森林面积的增加而忽略了通过经营管理来提高森林质量的重要性，故而 REDD + 机制在我国具有潜在的应用前景。REDD + 机制的实施，将给发展中国家的林业发展带来巨大的影响和新的机会，这为草地碳汇提供了很好的借鉴。

《京都议定书》这一国际协议作为约束，清晰界定了所有权，将温室气体排放权界定为私有产品，使得排放温室气体的权利成为一种稀缺的资源、一种资产，因而也具有了商品的价值和交易的可能性，并最终催生出一个以 CO_2 排放权为主的碳排放权交易市场。由于 CO_2 是最普遍的温室气体，国际惯例是将其他温室气体折算成 CO_2 当量来计算最终的减排量，因此国际上把这一市场简称为“碳市场”即碳排放权交易市场。在碳排放权交易市场中，银行、对冲基金等金融组织相继开发了碳融资、碳保险，以及碳掉期交易、碳期货和碳期权等衍生产品，形成了多层次的基于碳排放权交易的金融市场。

按照交易的温室气体排放权的来源，全球碳排放权交易市场可分为配额市场和项目市场。配额市场基于“总量限制交易”机制，总量的确定形成了有限的供给，有限的供给造成一种稀缺状况，由此形成了对配额的需求和相应的价格。配额市场可以细分为两大类，一类是自愿配额市场，另一类是强制配额市场。自愿配额市场的交易特点是“单强制”，排放源企业自愿参与，承担有法律约束力的减排责任，减排往往是参与企业共同协商认定；强制的配额市场交易特点是“双强制”，按照减排计划各阶段涵盖范围，排放源企业被强制列入减排名单，承担有法律约束力的减排责任。项目市场交易的减排量是由具体的减排项目产生，每个新项目的完成就会有更多的碳信用额产出，其减排量必须经过核证。该市场包括清洁发展机制（CDM）市场、联合履约机制（JI）市场和自愿减排（Voluntary Emission Reduction，VER）项目市场。鉴于自愿市场潜力巨大，我们呼吁在推进基于项目的自愿减排交易基础上，积极探索建立碳汇交易市场，促进农业、林业、草业碳汇市场的逐步形成。

二 我国碳交易与碳汇交易市场

中国从2011年开展碳交易试点，截至2014年6月末，全球累计的核证减排量（CER）总共为14.68亿吨CO_2，中国列居第一，占总量的60%以上。目前中国有7家碳排放权交易所，分别是北京环境交易所、天津碳排放权交易所、上海环境能源交易所、深圳碳排放权交易所、广州碳排放权交易所、湖北碳排放权交易所、重庆碳排放权交易所等（表5－1所示）。

表5－1 中国碳排放权交易所概况（世界银行，2014）

	深圳	上海	北京	广东	天津	湖北
开始日期	2013.06	2013.11	2013.11	2013.12	2013.12	2014.04
贸易额度（$ktco_2e$）	0.250	0.239	0.096	0.126	0.140	1.608
平均价格（元）	75.2	31.4	52.6	61.8	34.7	24.7

目前，我国实施的林业碳汇项目共有两类。一类是基于《京都议定书》条款下的CDM碳汇项目，属于京都规则的碳汇交易；另一类是国家林业局造林司（气候办）依托中国绿色碳汇基金会或其他一些国际组织资助实施的碳汇造林项目，属于自愿市场的碳汇交易。林业碳汇在我国起步的时间并不长，目前做得较多的还是自愿减排方面。林业碳汇与其他碳汇一样具有金融性的特点，可以拿到碳市场上进行交易。

国家发展和改革委员会按照相关工作部署，借鉴国际碳排放权交易市场运作经验和做法，积极组织开展相关的基础研究，充分考虑我国的具体国情和实际需要，形成了逐步建立国内碳交易市场的工作思路。首先是推进基于项目的自愿减排交易，积累经验，做好交易平台等基础设施建设，着力提高认证、监管等相关能力，同时选择有条件、有意愿的地区，着手开展区域碳排放权交易试点，积极探索碳交易机制发挥作用的最佳做法，加快应对气候变化及控制温室气体排放立法进程，并在试点经验基础上逐步扩大试点范围，稳步推进在全国更大范围内开展碳排放交易，为逐步建立全国范围碳排放权交易市场创造条件。

我国把应对气候变化的目标进行分解，并将以下指标纳入国家“十二五”规划当中：单位 GDP 的能耗、碳排放强度、可再生能源比重以及森林碳汇。其中，有些要作为约束性指标实施。通过推进植树造林，增加森林碳汇，逐步建立碳排放权交易市场。积极探索市场化生态补偿机制，并辅以碳税、碳交易、低碳产品认证制度等政策工具帮助推动。国家发改委印发《碳排放权交易管理暂行办法》，提出在总结试点经验基础上，加快建立国家碳交易市场。该管理办法主要为框架性文件，明确了全国碳市场建立的主要思路和管理体系。

三 国内外碳汇交易的相关标准

国际上，自愿减排市场标准主要有黄金标准（GS），国际自愿碳标准（VCS），自愿性核实减排标准（VER），芝加哥气候交易所标准（CCX），自愿碳抵消标准（VOS），以及气候、社区和生物多样性标准（CCBS）等十余种标准。黄金标准是一套独立的国际认可的评估减排项目的标准，该标准由包括世界自然基金会（WWF）在内的一批环境和发展国际组织设立，目前已得到全球 50 多家国际组织的支持。

北京环境交易所和BlueNext环境交易所作为发起方、中国林权交易所和美国著名NGO组织温洛克国际农业开发中心作为共同发起方，共同发起熊猫标准（The Panda Standard，PS）。2009年12月13日，熊猫标准V1.0在联合国哥本哈根气候大会上正式发布。熊猫标准是中国第一个自愿碳减排标准，旨在为中国碳市场提供可靠而又透明的碳信用额所遵循的各项规则和程序。熊猫标准作为我国第一个自愿碳减排标准，对构建我国碳交易体系、抢占战略制高点具有重要意义。2010年12月8日，熊猫标准农林业及其他土地利用行业细则(PS－AFOLU)在联合国坎昆气候大会上正式公布。第一批应用熊猫标准的试点项目已经于2011年正式启动。

中国西部第一个自愿碳减排标准——“三江源标准”开发工作在2011年9月20日全面启动。“三江源标准”涉及领域覆盖农业、林业、草原以及畜牧业和能源等，应用于我国境内发生的减排活动，特别关注三江源地区和西部地区范围内的减排活动，标准由青海环境能源交易所、中国科学院青藏高原研究所、青海草甸湿地开发有限公司、中国西部能源管理股份有限公司（China Western Energy Management AG）、北京北贝母环境科技咨询中心（BEAM）、UNIQUE 林业咨询有限公司（U-NIQUE）等机构联合发起，由青海环境能源交易所主导开发。

第二节　关于生态系统的服务价值与碳汇价值

科学家们已经可以将生态系统对人类的服务价值进行数量化评估了。美国学者科斯坦萨（Costanza）等人于 1997 年和 2014 年分别发表的研究成果表明：1997 年全球生态系统对人类的服务功能每年的总价值为 16 万亿—54 万亿美元，平均为 33 万亿美元，是 1997 年全球经济生产总产值的 1.8 倍；到了 2011 年全球生态系统对人类的服务功能每年的总价值为 135 万亿美元，同年全球的 GDP 为 70 万亿美元，生态系统服务价值为人类创造财富的 1.9 倍。可见，自然生态系统对人类的服务能力是巨大的。

1998 年年初评估中国生态系统服务功能总价值为 4.2 万亿美元，而 2000 年中国的 GDP 为 1.1 万亿美元，即当时中国范围内自然的价值相当于人造价值的 4 倍。由于中国的 GDP 增长速度很快，2010 年已达到 39.8 万亿元人民币，与我国生态系统服务的同期估算的价值 37.8 万亿元人民币接近，我国自然资本价值与经济生产总值大体一致。可见，我国经济发展与生态系统服务的价值并不同步，一定程度上是以牺牲生态环境为代价的。转变发展方式、实现低碳发展和绿色发展应是我们的必然选择。

生物固碳释氧功能是生态系统服务价值的有机组成部分，生物固碳增汇减排的成本远远小于工业减排（直接减排）成本。实现草地碳汇交易，可使草原生态服务功能的价值得到真正体现，故碳汇价值更大。

第三节　草地碳汇交易机制

一　草地碳汇市场交易机制设计

草地碳汇交易可通过市场机制实现草原生态效益的价值补偿。草地碳汇交易以碳排放总量控制为目标，但独立于总量控制相关指标，主要进行项目型交易。其本质是通过市场化的手段解决草原生态效益价值化的问题，为碳汇需求方的碳排放减排提供空间。一方面，在草地碳汇交易市场形成过程中需要了解碳汇需求方，并且准确估测碳汇需求总量；另一方面，需确定不同管理措施能够带来的草地碳增汇潜力，分析碳补偿的附带益处。通过碳汇交易平台及第三方发起草地碳汇交易项目，全面评估碳汇需求量及碳汇供给量，建立需求方与供给方的项目型交易，并对项目交易双方进行评估及监督（图5－1）。

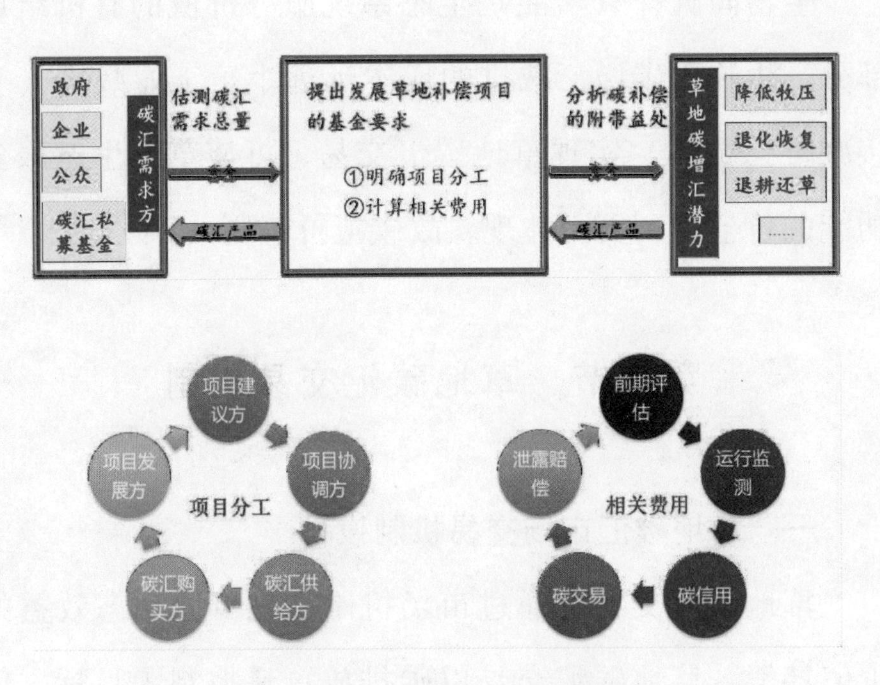

图5－1　草地碳汇的市场经济分析

由碳交易市场综合评估碳汇供求关系，具体提出发展草地碳补偿项目的基本要求，包括：明确碳补偿项目实施过程中所涉及的各级部门和人员的任务分工（包括项目建议方、项目发展方、项目协调方以及买方等)；计算草地补偿项目涉及前期评估、运行监测、后期碳信用等的相关费用。结合碳交易机制，制定内蒙古草地碳汇交易的实施办法。

作为碳交易产品的减排量必须真实可信，因此需要独立第三方的科学核证（图5－2）。碳汇减排量的核查标准应与国家标准相统一，与国际标准接轨，从而吸引国内外的碳汇需求方加入到草地碳汇交易中来，不断扩大草地碳汇交易市场。

在总结国际已有的森林、草原等碳汇交易标准的基础上，针对内蒙古自治区天然草地碳库的变化周期，合理制定碳汇项目交易的计入期。准确定义泄漏、计量及监测，并构建相应的衡量标准。由碳汇需求方提出碳汇需求申请，并执行注册，明确碳汇需求量及期望计入期。碳汇供给方需提供连续两年草地背景数据，提出供给申请，执行注册，等待第三方机构核准（图5－2）。核准后，由第三方机构科学评估供给方项目草地碳增汇量及其可行性。若审定通过则由第三方机构明确碳汇项目交易双方、碳交易价格及计入期，向碳汇购买方发放碳汇信用额度，并对碳汇供给方的碳增汇项目实施监测与定期评价，核准碳增汇项目的现实效果。

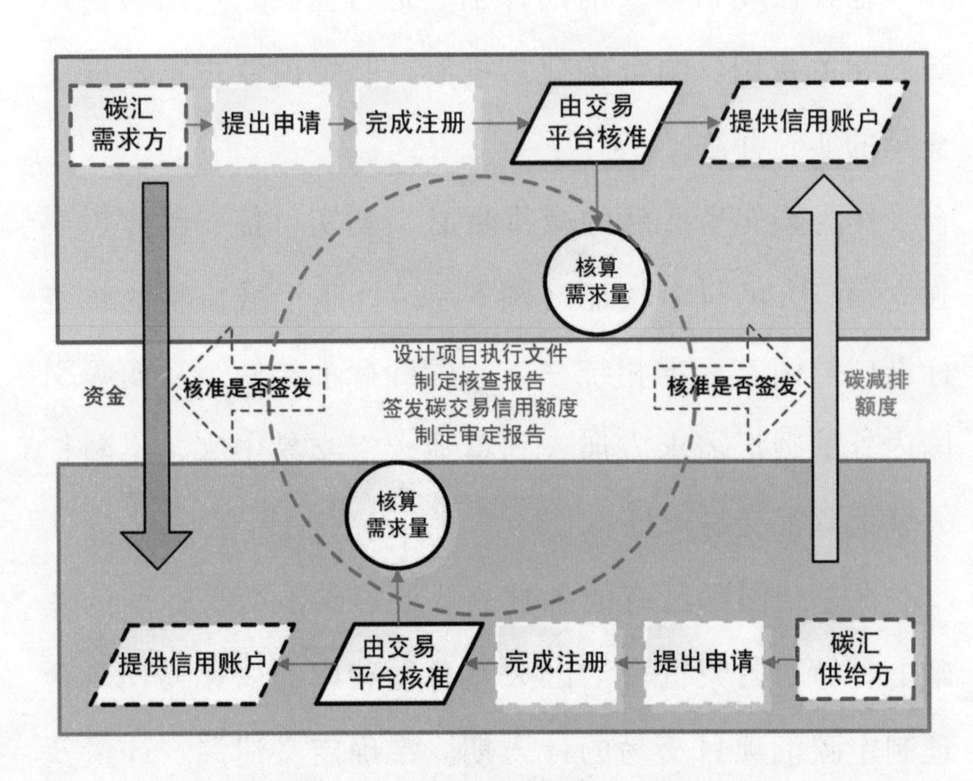

图5－2　草地碳汇市场的交易流程

二　草地碳汇交易的定价机制

在碳汇市场中，碳汇需求和碳汇供给两股力量的作用和平衡结果决定了碳汇交易的价格和交易量。交易过程中衡量碳汇需求及供给间的关系，完全依靠市场对碳汇项目交易合理定价。如果将草地碳汇市场作为一个独立的市场分析，碳汇价格主要由供求关系决定，此外还与成本、收益、国际碳交易价格、竞争机制等息息相关。商品的供给量同样受多种因素的影响，包括商品的生产成本、生产技术水平、生产者对未来的预期等。草地碳汇作为一种较为特殊的商品，是一种稀缺自然资源，因此其供给量还受资源禀赋和自然条件等因素的影响。如何准确核实草地资源的天然禀赋，如何评估自然条件对草地碳增汇潜力的影响，成为碳汇交易过程中的难点。草地碳汇的生产成本主要包括在开发、利用和保护草地资源的过程中所应支出的人力、物力、财力成本，还包括在草地碳汇交易过程中相应的支出。生产成本的增加会减少碳汇供给，同时使得碳汇供给方的利润降低，间接减少碳汇的供给量。与之相反，生产成本下降会增加供给者的利润，间接增加碳汇商品的供给量。碳汇作为稀缺资源，其供给量还受到自然环境条件及气候的影响，并且目前草地碳汇的生产技术水平也会间接影响草地碳汇的供给量。

草地碳汇的生产技术水平主要指草地碳汇量的核算，基准确定的方法学研究、审核及碳汇项目的额外性核算。草地资源开发也被视为草地碳汇项目，需要严格按照项目开发流程和合同执行，防止发生碳泄漏。生产技术水平一旦提高，有利于降低草地碳汇提供者的生产成本，增加其收益，从而刺激生产者向市场中提供更多的碳汇产品。然而，草地生态系统向人类提供的生态系统服务功能是多种多样的，在减少温室气体的同时，还可被牧民当作放牧场增加其畜牧业收益；因此草地的经营者在对草地进行合理开发时会衡量碳汇收益以及生产成本、机会成本，比较碳汇收益是否能超过其改良草地所付出的投入，是否能弥补畜牧业经营减少所造成的损失，是否会给牧民带来切实的经济利益。生产者对于这些问题的判断会影响其碳汇的供给量。因此，在草地碳汇交易市场中，碳汇价格的合理性对于草地碳汇市场的建立和发展至关重要。

1. 价格机制

草地碳汇服务市场的价格形成具有特殊性，草地碳汇服务商品的价格主要取决于以下因素：（1）草地碳汇服务本身的特征；（2）全球碳市场价格；（3）竞争机制。

根据资源价值定价理论，草地碳汇的价格构成应包括三个部分：草地资源的天然价值；人类开发、利用以及保护草地资源使得草地碳汇增加过程中的投入价值；

草地碳汇资源开发利用的机会成本。另外，作为交易性的商品，碳汇的价值还应该与交易项目申请、实施开发过程中发生的交易成本有关；而且碳交易作为全球温室气体减排的重要手段，草地碳汇价格的制定应该与全球碳市场的价格相匹配，通过竞争机制对其最终价格进行调节。

2. 风险机制

草地碳汇市场的风险包括以下几个方面：

（1）自然风险。包括火灾、旱灾等各种自然灾害以及病虫害等风险。它们将始终伴随草地的生长过程，并将导致碳储存流失。

（2）经济风险。主要包括传统的利率风险和汇率风险，以及草地碳汇生产地的生产要素价格（土地、资本、劳动力）和碳汇价格的不确定性。

（3）政策风险。从国际上来说，京都议定书虽然已经正式生效，但国际社会对于草地碳汇项目的方法学问题和衡量标准等还存在争议，将给草地碳汇服务市场交易带来较大的风险。在国家层面上，包括对 CDM 项目的优先选择、对碳汇项目涉及国家主权的认识、市场政策和规则的清晰度以及草地资源和碳汇的产权界定的明确度等。在地方层面上，包括草地碳汇信用交易的知识、政策能力、解决问题的水平、政策法规及其可能遭受的侵害等都可能给草地碳汇服务市场带来政策性风险。

（4）政治风险。草地碳汇项目可能包括国际间的贸易和投资行为，因此它具有相应的政治风险。

3. 风险的应对

（1）多样化投资

投资多样化战略是降低风险的有效措施。碳信用需求者（或投资者）通过购买不同类型或来自不同地点的碳信用，可以帮助他们抵御各种风险。

（2）加强信息传播和能力建设

信息的广泛传播能够产生更多关于项目选择、项目设计和项目实施地域的选择范围，能力建设可以降低获取新信息的成本。

（3）制定清晰透明的市场制度和规则

清晰透明的市场制度、标准和规则能够降低交易风险，减少不确定性。

（4）坚持项目风险共同承担原则

由项目碳汇信用购买者、供给者和项目主办国政府共同承担风险责任应该是比较理想的降低风险的方式。

第四节 我国碳汇市场的信息化建设

引入智联网、3S等信息化手段技术是提升草地碳汇在碳交易市场地位的重要手段。经过20年的探索，我国产权市场已成为国有产权等特许权益交易的市场，具有信息网络对称、服务体系健全、交易程序规范、竞价机制科学、电子系统先进、交易成本低廉的优势，完全具备了开展排放权电子交易业务的条件。

仅仅实现交易平台信息化不能实现对复杂生态系统的碳汇监测、评估与验证。草地、森林等生态系统本身具有系统的开放性与复杂性，另外它们作为地球表面的空间实体还具有时空动态特征。因此，很难用单一的一套方法学体系来监测、评估与验证所有草地碳汇交易项目的交易量。引入智联网、3S以及云计算等多种信息化手段，为定量化地评估草地碳汇价值提供了技术支撑。

智联网技术可以帮助不同层面的市场主体获得碳信息。当然，在这里必须强调的是，通过测算一个地区每年排放出的二氧化碳和吸收的二氧化碳，进而测算出该地区是净排放地区还是净吸收地区，这样算出的草原碳汇价值仅有地区碳平衡上的意义，而不能形成单个的有交易额的碳汇项目。它的意义在于，若国家分配地区排放份额，草原大省将获得更多的排放指标和空间，这些已形成的碳汇需要从地区层面来进行评估，通过获得排放份额来实现其价值。对于一个碳汇项目而言，它交易的是新增碳汇（在原有的基线基础上，通过开发新增加的碳汇）。因此，我们必须从草地经营者的层面，通过改变经营管理方式开发草地的碳汇潜力。建立碳交易市场运营机制是利用金融手段达到减排的目的。草地经营者开发碳交易项目的直接原因是获取经济效益。从经营者个体层面来开发运营草地碳交易项目，必然会受到利润的制约。目前家畜产品价格持续走高，草地增汇项目成本压力、经营风险都居高不下，使得鲜有经营者发起增汇项目。为了实现减排目的，就需要把地区层面和经营个体层面的两种碳汇联动起来。智联网由不同层面智能体（团体、个人）、互联网和智能模型构成，可以灵活地协调信息，优化处理不完备的信息。尤其是移动终端的加入，推进了信息采集进入大数据时代。这些都为连接不同层面的碳汇信息提供了技术支撑。

草地的碳素分布在空间上具有不均匀性，在时间上具有明显的周期性与动态性。3S 技术包含地理信息系统技术（GIS）、遥感技术（RS）和全球定位技术（GPS），是处理复杂时空信息的强大手段，是空间技术、传感器技术、卫星定位与导航技术和计算机技术、通信技术相结合，多学科高度集成地对空间信息进行采集、处理、管理、分析、表达、传播和应用的现代信息技术。3S 技术特别适合用于处理、解决时空动态问题。将 3S 技术运用于草地碳汇项目运行中可以很好地模拟草地碳素的时空动态。

总之，建立有效的草地碳交易市场运行机制，必须在当下日益成熟的碳交易市场框架下，应用系统的方法学构建标准化的草地碳汇项目。为了解决碳汇评价过程中草地生态系统中碳素分布的动态性与不确定性问题，将智联网、3S 技术等现代信息化手段嵌入草地碳交易市场运行机制是至关重要的。

第六章　研究概要与政策建议

第一节　研究概要

一　内蒙古草地的碳固持能力评估

长期定位研究数据显示，内蒙古草地总碳储量为3760Tg C。典型草原具有最高碳储量，为2110Tg C，占内蒙古草地总碳储量的56.1%；草甸草原和草甸的碳储量分别为780Tg C、500Tg C；荒漠草原的碳储量最低，为370Tg C，占内蒙古草地总碳储量的9.84%。目前，草地碳储量尚无法实现交易，但过度利用也会使这部分草地碳储量演变成为碳源。对于草原而言，“碳汇”与“碳源”是两个逆向发展的过程。草原生态恢复是一个草原增汇的“碳汇过程”，而草原荒漠化则是草原减汇的“碳源过程”。因而，草地资源的不合理开发利用，可使草原由“碳汇”转变为“碳源”。

二　内蒙古退化草地的碳汇潜力

对于退化草地而言，退化草地恢复具有极大的增汇潜力。内蒙古自治区不含荒漠的草地面积约有5758.7万公顷，重度和中度退化草地面积已达2504万公顷，占全区草地（不含荒漠）面积的43.5%。长期定位研究表明，退化草地恢复可将碳固定在植物根系和土壤中。测算表明，内蒙古退化草地的增汇潜力约为每年4586万吨。其中，植被（指根系）增汇潜力为2404万吨，土壤增汇潜力为2182万吨；二氧化碳吸收量为每年16815万吨。可见，内蒙古退化草地具有很大的固碳增汇潜力。如果实现碳汇价值的交易，将是实现草地绿起来、牧民富起来的有效途径。通过市场机制，建立适合地区经济和环境双赢的碳汇交易市场，碳汇收益可以实现草原生态效益的价值补偿，有利于确保草地资源的永续利用。应积极贯彻草原“双权一制”制度，规范草牧场承包经营权流转，提高草原生态破坏赔付成本，实现生态保护的经济效益，引导机构和民众自觉、主动、持续地进行生态保护和建设。政府要加大草地保护的投资力度，这样可以调动牧民的积极性，更好地实现草地保护制度。

三 内蒙古草原生态系统的服务价值

鉴于中国的经济发展在一定程度上是以牺牲生态环境为代价的，因此转变发展方式从而实现低碳和绿色发展是我国的必然选择。

干旱和半干旱区草原的功能不仅是生产畜产品，主要功能应是生态屏障和文化载体。深刻认识森林、草原、湿地等自然生态系统服务人类生存的功能定位与生态资产价值，发挥其涵养水源、净化空气以及固碳增汇等重要作用，为构建我国北方生态屏障和京津冀“上风上水”清洁带提供有力保障。

生物固碳与释氧功能是生态系统服务价值的有机组成部分，生物固碳增汇的成本远远小于工业直接减排成本，尽管减排与增汇都重要，但森林草原实现的不仅仅只是碳汇功能，还有其他无法价值化的生态系统服务功能，因此，增加森林草原的碳固定能力价值更大。草地碳汇交易，可使草原生态服务功能的价值得到真正体现，探讨碳汇定价机制有助于深刻理解碳汇的内在价值。

就森林和草地固碳量而言，内蒙古草地固碳量为4586万吨/年，二氧化碳吸收量为16815万吨/年；如仅按国内目前碳交易价格50元/吨（参照北京环境交易所）计算，内蒙古草地碳汇价值可达近23亿元/年。内蒙古退化草地恢复过程中，固碳（减排）价值每年为61.2—318.6元/亩。另据研究，内蒙古森林固碳量为3601万吨/年,二氧化碳吸收量为13203万吨/年。可见，内蒙古草地的固碳潜力甚至高于森林的固碳潜力。仅从固碳减排出发，草原生态系统服务价值也值得我们重新认识。

我们迫切需要采取切实有效的措施，减轻草原利用压力，重视草原碳汇价值，发展草业碳汇经济。为此，我们建议：一是合理保护与利用草地资源。逐步建立起草原生态补偿机制，制定出草场合理利用前提下的减牧制度，加强对合理载畜量的有效监督。二是在呼伦贝尔等地区建立草原国家公园，重点保护世界上最完整的草甸草原生态系统，发挥重要生态功能区作用。

第二节 政策建议

一 实现草地碳汇项目的自愿减排

碳汇作为有效的减缓气候变化措施和重要的减排手段，已经逐步受到市场的关注。我国应推动森林和草地等的碳汇纳入碳交易体系，碳汇项目实现国内自愿减排交易。

1. 草地碳汇应纳入碳交易体系

我国碳交易所可将“碳汇”纳入碳排放配额和国家核证自愿减排量（CCER）的交易。建议以5%的配额纳入重点碳排放企业（如热力、发电、水泥、石化等企业）的考核，抵偿其相应的碳排放额度，调动企业建设碳汇基地的积极性。碳汇项目经第三方核查后，按照后补助方式按年核发固碳（等同减排）的收益，实现生态效益价值化。适时制定出台《内蒙古碳排放抵偿管理办法》。

2. 启动草地碳汇交易“补偿性转移支付”机制

一是建立评价指标体系，对地区间“排碳储碳”进行科学的评价，以平衡碳汇盈亏；二是建立利益协调机制，可以通过税收手段对碳排放企业征收排放费，补偿到碳汇单位，或者在地区间进行碳交易，购买碳汇指标。这样，草原保护可以通过发展碳汇获得市场机制下的“补偿性转移支付”，提供者和使用者都有动力。三是建立完善的草原生态恢复补偿机制，对草地碳汇基地建设给予相应的草原生态保护补助奖励，或由“绿色气候基金”给予补偿。

3. 建立草地碳汇抵消温室气体准许排放额制度

政府应该允许企业根据各自的减排成本差异，自由买卖温室气体准许排放额度，并自行决定采用自身减排、购买其他企业的准许排放额、购买草地碳汇三种方式中的哪一种或几种的组合，并且应当允许自愿购买草地碳汇的企业用其购买的草地碳汇数量抵扣其将来可能分配的义务减排额。通过该项政策，当期所购买的草地碳汇相当于为远期储备了一定的温室气体排放权，或者事先履行了一定的减排义务。

二 建立和完善草地碳汇监测与计量方法学

1. 建立和完善草地碳汇监测与计量方法学

建立健全碳汇方法学体系，基于内蒙古草地实况，借鉴国际通行的标准体系和方法学理论框架，由国内外碳汇研究机构和政府部门研究人员开发草原碳汇监测的方法学体系。结合野外实测及模型预测，估算改善草场管理后预期将减少的大气中温室气体的排放量。针对碳汇供给方构建碳汇信用审核制度、认证登记制度及碳减排证书审核制度，逐步完善碳汇监测和测量验证制度。确定 CO_2 碳源和碳汇的测定、监测、验证与认证机构，规范各部门机构的准入门槛、职责范围及奖惩措施。

2. 建立完善的监测和测量验证制度

对固碳量进行直接测量，或通过模型估算改善草场管理，减少大气中温室气体的排放量。降低监测成本，使许多牧户也有可能通过碳汇信用审核、认证登记注册获得碳减排的证书。测定、监测单位不能作为认证单位，认证单位也不应该是政府机构或者组织生产碳汇的部门，它应该是一个独立于以上各方面的社会团体。

三　构建草地碳汇交易制度体系

1. 构建草地碳汇交易机制

对于正常草原（非退化），考虑到其自身具有的放牧功能，草原是一个开放系统，为体现草原生态系统服务功能（包括生态屏障和发展畜牧业），建议可将防止开荒及草原退化涉及的排放（REDD）与草原保护、草地可持续经营和草地碳储量增加（REDD +）都作为碳汇，逐步将草地有效管理制度和草原国家公园制度等纳入碳交易体系，或以配额方式实现生态补偿。

2. 确定草地碳汇的法律制度

草地碳汇是决定一国生存空间和经济发展空间的重要因素之一，能使我国在国际上取得具有分配 CO_2 排放权的重要地位。目前，除了《草地保护法》及“退耕还草”“退牧还草”政策之外，并没有与草地碳汇相关的法律、法规。因此，必须制定相关的法律、法规，以明确草地碳汇的重要性与合法性。

3. 建立完善的交易制度与明确的交易标准

设计和使用标准化合同。设计草地碳汇项目交易的标准化合同应该是市场交易体系中最关键、最首要的步骤。在建立标准化合同过程中，首先应使交易各方对交易的每一个合同条款，如损失责任、风险分担、利益分配等逐个明确，防止机会主义行为的产生；其次，在合同上必须有明确的交易制度和规则，这些制度和规则可以增加信息的透明度，降低交易的不确定性，从而降低市场运行发生的交易成本，有利于草地碳汇市场的发展。

4. 培育碳汇交易的专业技术人才队伍

结合环境交易平台建设，建立相关的培训组织机构进行专业人才队伍的培育；同时，设置一套完整的管理机制针对从业的专业人才进行监督管理。

四 建立草地碳汇示范研究基地

在内蒙古典型草原区、森林草原区、草原区沙地等不同的生态区域，建立草地碳汇示范研究基地。在当地政府的积极参与下，通过牧民协会等组织方式，建设不同类型草地管理的“固碳增汇工程示范基地”。内蒙古建立和推广一批“草地碳汇交易潜在示范项目”，示范项目可包括“草畜平衡试验”“沙地种植灌木”“草地禁牧恢复”“矿区植被恢复”等管理制度和类型。

制度层面上，使草原生态破坏赔付成本上升，生态保护有利可图，引导机构和民众自觉、主动、持续地进行生态建设和草地保护。通过建立禁牧和草畜平衡制度，提高监督和执法力度。

建立草地碳汇新机制面临一个难得的历史机遇。对于广大牧民来说，少养畜的损失将被多增绿的收益所弥补，有利于最大限度地调动广大牧民参与草原生态建设的积极性。发展草地碳汇经济是实现经济发展与生态改善共荣、草原增绿与牧民增收双赢的最有效的切入点。实现牧区发展、生活提高、生态改善三赢，逐步走上草原增绿、资源增值、企业增效、牧民增收的可持续发展之路。

五　推进环境一体化交易体系建设

我国正在加快构建具有中国特色的清洁发展机制，应对气候变化和防治污染领域正在形成全国一盘棋格局，探索通过市场机制解决环境与发展的现实矛盾。我国《大气污染防治行动计划》提出，要发挥市场机制调节作用，积极推行激励与约束并举的节能减排新机制。这些政策必将加快内蒙古环境与能源市场体系建设。从2007年开始，全国十一个省市区（江苏、浙江、天津、湖北、湖南、内蒙古、山西、重庆、陕西、河北、河南）陆续被批复为排污权有偿使用和交易试点，内蒙古被确定为其中之一。中国碳排放交易试点是从2011年11月份开始启动，确定了七个省市（北京市、天津市、上海市、重庆市、广东省、湖北省、深圳市）率先开展碳排放权交易试点。

排碳权和排污权虽是两个不同的概念，但在我国目前的能源结构下，由污染排放造成的环境污染问题和温室气体排放造成的气候变化问题，两者基本上同根同源。例如：北京的 PM 2.5 成分中，2/3 来自煤炭和石油的使用；而中国温室气体排放总量中，以化石能源为源的占到 3/4 以上。开展排碳权和排污权交易，内蒙古具有得天独厚的资源禀赋和区位优势。矿产资源开发和能源基地建设决定了内蒙古排碳权和排污权市场巨大。风能资源居全国首位，约占全国陆地风能总量的 50%；太阳能资源丰富，仅次于青藏高原。可再生能源碳减排潜力同样巨大。

国家层面应采取差别化策略，引导新经济业态落户内蒙古。京津冀区域用 2.3% 的国土养育了近 8% 的人，GDP 占全国的 11%，区域承载量整体超载，环境交易等新经济业态应向西部倾斜。西部大开发战略实施后，内蒙古主要城市的基础建设条件良好，急需提升城市竞争的软实力。内蒙古是能源资源大区，经济发展新常态特征更为显著，急需转型升级。环境交易所如果能够备案落户内蒙古，内蒙古将华丽转身，有利于实现经济社会全面腾飞，有利于实现长期稳定和繁荣发展。

内蒙古要积极参与华北碳排放权交易体系建设，在开展京蒙跨区碳排放权交易的基础上，力争碳排放权交易在国内的主动地位。建立环境一体化交易市场，实现温室气体排放量和污染物排污量的一体化交易，拓展实现碳汇交易和节能交易。重点扶持内蒙古环境能源交易所建设，努力谋划将未来的全国性环境综合交易所落户内蒙古，环境交易所可设在呼和浩特市或鄂尔多斯市。

附录：可持续草地管理温室气体减排计量与监测方法学[①]

（节录）

《可持续草地管理温室气体减排计量与监测方法学》为在退化的草地上开展可持续草地管理措施提供参考方法，包括减少放牧数量、改变放牧季节、施肥、人工种草以及在酸性草地土壤上施用石灰等改善草地生态系统的技术措施。

1. 适用条件

方法学的适用条件如下：

---

① 《可持续草地管理温室气体减排计量与监测方法学》，版本号 V01，2014 年 1 月。

（1）项目开始时土地利用方式为草地；

（2）土地已经退化并将继续退化；

（3）项目开始前草地用于放牧或多年生牧草生产；

（4）项目实施过程中，参与项目农户没有显著增加做饭和取暖消耗的化石燃料和非可再生能源薪柴；

（5）项目边界内的粪肥管理方式没有发生明显变化；

（6）项目边界外的家畜粪便不会被运送到项目边界内；

（7）项目活动中不包括土地利用变化，在退化草地上播种多年生牧草和种植豆科牧草不认为是土地利用变化；

（8）项目点位于地方政府划定的草原生态保护奖补机制的草畜平衡区，项目区的牧户已签订了草畜平衡责任书；

（9）若采用土壤碳储量变化监测方法选择1，必须有相关研究（例如文献或项目参与方进行的实地调查研究）能够验证项目活动拟采用的能够模拟不同管理措施并适用于项目区的模型，否则采用土壤碳储量变化监测方法选择2。

2. 项目边界

“项目边界”包括项目参与方实施可持续草地管理活动的草地所在地理位置。该项目活动可在一个或多个的独立地块进行，在项目设计文件中要清楚描述项目区域边界，在项目核查时必须向第三方认证机构提供每个独立的地块地理坐标。

基线和项目活动中包括的碳库种类有：地上部木本生物量、地下部生物量以及土壤有机碳。基线情景和项目活动中的排放源包括由施肥造成的 N_2O 的排放、农机化石燃料造成的 CO_2 的排放以及施用石灰造成的 CO_2 的排放。为了简便，不计算基线情景下种植豆科牧草造成的 N_2O 排放，这是保守的。由于可持续草地管理导致的禾本科地上部生物量增加是暂时的，这一碳库的变化不包括在项目边界内，这也是保守的。

3. 基线情景的确定

通过如下步骤来确定最可能的基线情景：

第1步：确定拟议的可持续草地管理项目的备选土地利用情景。

(1a)：确定并列出拟议的可持续草地管理项目活动所有可信的备选土地利用情景。项目参与方必须确定并列出在未开展可持续草地管理项目活动的情况下，在项目边界内可能出现的所有现实、可信的土地利用情景。确定的土地利用情景至少需要包含如下内容：

(i) 继续保持项目活动开始前的土地利用方式。

(ii) 在开始项目活动之前10年内，在项目边界内曾经采用的土地利用方式。

项目参与方参考《用来验证和评估VCS农业、林业和其他土地利用方式（AFOLU）项目活动额外性的VCS工具》以了解如何确定实际、可信的备选土地利用方式。项目参与方通过可验证的信息来源，证明每种确定的备选利用方式都是现实、可信的，这些信息来源可以包括土地使用者的管理记录文件、农业统计报告、公开发布的项目区放牧行为研究结果、参与式乡村项目评估结果和相关方的其他探讨文件，以及/或者由项目参与方在开始项目活动之前进行或委托他人进行的调查。

(1b)：检查可信的备选土地利用情景方案是否符合

相关法律和法规的强制要求。项目参与方必须检查确认在（1a）中确定的所有备选土地利用情景都满足如下要求：

（i）符合所有相关法律和法规的强制要求，或者

（ii）如果某个备选方案不符合相关法律和法规的要求，则必须结合相关强制法律或法规适用地区的当前实际情况证明：这些法律或法规并没有系统生效，或者不符合其规定的现象在该地区非常普遍。

如果确定的一种备选土地利用情景并不满足上述两条标准之一，则必须将该备选土地利用情景从列表中删除，从而得到一份修改后的可信备选土地利用情景列表，并符合相关法律和法规的强制要求。

第2步：选择最合理的基线情景。

（2a）：障碍分析。在通过（1b）中创建的可信备选土地利用情景列表之后，必须进行障碍分析，以确定会阻碍实现这些情景的现实、可信障碍。可能考虑的障碍包括投资、机构、技术、社会或生态障碍，在《用来验证和评估 VCS 农业、林业和其他土地利用方式（AFOLU）项目活动额外性的 VCS 工具》第3步中有相关介绍。项目参与方必须说明哪些备选土地利用情景会

遇到确定的障碍，并通过可验证的信息来进一步证明与每种备选土地利用情景相关的障碍的确存在。

(2b)：排除面临实施障碍的备选土地利用情景。将所有面临实施障碍的备选土地利用情景从列表中删除掉。

(2c)：选择最合理的基线情景（在障碍分析允许的前提下）。如果列表中只剩下一个备选土地利用情景，则必须将其选择为最合理的基线情景。如果列表内剩下多个备选土地利用情景，而且其中有一个情景包含继续保持项目活动前的土地利用方式，并且同时满足如下条件：在项目活动开始之前的5年中，牧民没有发生变化；在项目活动开始之前的5年中，一直采用项目活动开始时的土地利用方式；在上述5年时间中，相关的强制法律或法规没有发生变化，那么必须将项目活动开始时的土地利用方式作为最合理的基线情景。如果列表内剩下多个备选土地利用情景，但是仍然没有选择最合理的土地利用方式，则进入（2d）。

(2d)：评估备选土地利用情景的盈利能力。针对（2b）中保留没有实施障碍的备选土地利用情景后得到的列表，记录与每种备选土地利用情景相关的成本和收入，并估算每种备选土地利用情景的成本与收益。必须根据计入期内的净收入、净现值来评估备选土地利用情景收益。必须以可验证的透明方式证明分析所用的经济参数和假设条件是合理的。

(2e)：选择最合理的基线情景。(2d) 中评估的备选土地利用情景中，必须选择收益最好的情景作为最合理的基线情景。

如果最合理的基线情景符合本方法第 3 部分规定的适用条件，那么在项目区开展的可持续草地管理项目活动将可以使用本方法。

4. 额外性论证

项目参与方必须借助最新版本的《用来验证和评估 VCS 农业、林业和其他土地利用方式（AFOLU）项目活动附加性的 VCS 工具》来验证项目的额外性。在使用该工具第 2、3 和 4 步的时候，必须对通过利用本方法第 5 部分所确定的最合理基线情景进行评估，同时还要评估事前在项目文件中所述的项目情景。如果通过投资分析确定：将项目活动注册为自愿减排项目不会带来经济收益，因此开展的项目活动不是盈利能力最强的土地利用情景。或者通过障碍分析确定：基线情景没有障碍，在将项目活动注册为自愿减排项目不会带来经济收益的情况下不会开展项目活动，那么根据普遍实践检测的结果，必须将项目视为附加项目。

5. 温室气体减排增汇量的计算

5.1 基线排放

（1）施肥造成的基线 N_2O 排放

参照 CDM EB 最新批准的 A/R 方法学工具“Estimation of direct nitrous oxide emission from nitrogen fertilization”[i] 估算肥料施用导致的直接 N_2O 排放。肥料类型包括合成氮肥和有机肥。

（2）种植豆科牧草的基线 N_2O 排放

为了简便，不计算基线情景下种植豆科牧草造成的 N_2O 排放，这是保守的。

（3）农机使用化石燃料造成的基线 CO_2 排放

基线情景下，草地管理过程中有两类活动消耗化石燃料：一是耕作，二是农用物资的运输。利用农机运送农用物资的化石燃料消耗造成的基线 CO_2 排放根据 CDM EB 最新批准的“Estimation of GHG emissions related to fossil fuel combustion in A/RCDM project activities”[ii]工具计算。

（4）施用石灰造成的基线 CO_2排放

利用《2006 年 IPCC 国家温室气体排放清单指南》第4卷（农业、森林和其他土地利用）第 11 章推荐 Tier1 方法估算施用石灰所产生的 CO_2 排放。

（5）木本植物的基线固碳量

如果项目参与方将地上与地下木本生物量作为选择的碳库，那么，活立木植物的基线固碳量（*BRWP*）可以使用 CDM EB 批准的最新版本方法学工具“Estimation of carbon stocks and change in carbon stocks of trees and shrubs in A/R CDM project activities”[iii]计算。使用该方法学工具的条件为项目区缺乏计算基线条件下的木本生物质储量变化的数据，且项目开展前林木郁闭度小于 20%。如果项目参与方不考虑地上与地下木本生物量库，则基线 *BRWP* 假定为零。

（6）基线情景下土壤碳储量的变化

由于适用条件之一是自愿碳交易项目必须是在正在退化的土地上开展，因此，可以保守地假设基线情景下土壤有机碳变化为零，即 $BRS=0$。

（7）基线情景下总温室气体排放和减排量

总基线排放和减排量可由式（1）计算：

$$BE_t = B_{N_2O_{Direct-N,t}} + B_{FC,t} + B_{Lime,t} - BRWP_t - BRS \quad (1)$$

其中，

BE_t 项目第 t 年基线温室排放/碳汇量，tCO_2e

$B_{N_2O_{Direct-N,t}}$ 第 t 年基线情景下项目边界内施肥造成的 N_2O 直接排放，tCO_2e

$B_{FC,t}$ 第 t 年基线情景下农机使用化石燃料造成的基线 N_2O 排放，tCO_2e

$B_{Lime,t}$ 第 t 年基线情景下施用石灰所产生的 CO_2 排放，tCO_2e

$BRWP_t$ 第 t 年基线情景下，现存木本生物质碳储量年平均净增长量，tCO_2e

BRS 基线情景下土壤有机碳变化量，tCO_2e

5.2 项目排放

（1）施肥造成的项目 N_2O 排放

利用 CDM EB 最新批准的 A/R 方法学工具“Estimation of direct nitrous oxide emission from nitrogen fertilization”[ii]估算项目活动肥料施用导致的直接 N_2O 排放。肥料

类型包括合成氮肥和有机肥。

（2）种植豆科牧草造成的项目排放

只考虑项目活动种植的豆科牧草的排放量。

（3）化石燃料利用导致的 CO_2 排放

项目活动下草地管理过程中有两类活动消耗化石燃料：一是耕作，二是农用物资的运输。利用农机运送农用物资化石燃料消耗造成的基线 CO_2 排放根据 CDM EB 最新批准的"Estimation of GHG emissions related to fossil fuel combustion in A/R CDM project activities"[iv]工具计算。

（4）石灰施用造成的项目 CO_2 排放

利用《2006 年 IPCC 国家温室气体排放清单指南》第4 卷（农业、森林和其他土地利用）第 11 章推荐 Tier1 方法估算项目活动施用石灰所产生的 CO_2 排放。

（5）木本生物量的项目固碳量

如果项目参与方选择包括地上部的木本生物质碳库，应采用"Estimation of carbon stocks and change in carbon tocks of trees and shrubs in A/R CDM project activities"[iv]工具计算木本生物量的项目固碳量（$PRWP_t$）。如果项目参与方不考虑地上与地下木本生物质碳库时，可假定木本生物量的项目固碳量（$PRWP_t$）为零。

（6）项目活动下的土壤碳储量变化

可持续草地管理措施主要影响土壤碳库。项目参与方有两种选择方式计算土壤碳库的变化：①采用模型；②直接测量土壤有机碳。如果有研究结果（例如文献或者项目参与方已经开展的工作）可证明拟选用的模型适用于项目区，则该模型可用于评估土壤碳储量变化。否则，要求直接测量土壤有机碳。模拟或直接测量的土壤深度为表层 30 cm。

（7）项目活动下导致的温室气体净排放量

可持续草地管理活动导致的净温室气体排放量由式（2）计算：

$$PE_t = P_{N_2O_{Direct-N,t}} + P_{N_2O_{NF,t}} + P_{FC,t} + PE_{Lime,t} - PRWP_t - PR_t \quad (2)$$

其中，

PE_t　可持续草地管理活动第 t 年的项目温室气体排放，tCO_2e

$P_{N_2O_{Direct-N,t}}$　第 t 年项目活动下，项目边界内施肥造成的 N_2O 直接排放，tCO_2e

$P_{N_2O_{NF,t}}$　第 t 年内，项目边界内种植豆科牧草造成的项目 N_2O 排放，tCO_2e

$P_{FC,t}$ 第 t 年项目活动下农机使用化石燃料造成的基线 CO_2 排放量，tCO_2e

$PE_{Lime,t}$ 第 t 年项目活动施用石灰所产生的 CO_2 排放，tCO_2e

$PRWP_t$ 第 t 年项目活动下现存木本生物质碳储量的净变化量，tCO_2e

PR_t 第 t 年项目活动下土壤碳储量变化，tCO_2e

5.3 泄漏

三种潜在泄漏源如下：

(a) 项目边界外的粪便施用到边界内造成项目边界外土壤有机碳降低或用于供热和炊事的化石燃料用量增加，而导致泄漏排放量；

(b) 减少了项目边界内粪便作为能源的利用率，造成烹饪和取暖所用的非可再生能源薪柴燃料或者化石燃料用量增加，而造成的排放量；

(c) 在项目边界外租用放牧草场，造成的排放量。

潜在泄漏源（a）和（b）受到适用条件（4）和（6）的限制，（a）和（b）泄漏排放可以忽略不计。对于可持续性草地管理而言，在项目减排计量期内牲畜数量可能下降。根据适用条件（8），项目区域的牧民均与当地政府签订了草畜平衡责任书，即使发生项目外农户将草地租用给项目户的情况发生，也不会造成草场退化。因此，也可以排除租用放牧草场造成的泄漏。

5.4 减排量的计算

项目活动的年温室气体减排量可使用公式（3）计算：

$$\Delta R_t = BE_t - PE_t - LE_t \quad (3)$$

其中，

ΔR_t　第 t 年的年总温室气体减排量，tCO_2e

BE_t　项目第 t 年基线温室排放/碳汇量，tCO_2e

PE_t　可持续草地管理活动第 t 年的项目温室气体净排放，tCO_2e

LE_t　第 t 年的泄漏排放，tCO_2e

附　图

围栏内外

参比样地

原位呼吸

轻度退化

重度退化

过度放牧

土壤碳库

土壤根系

测量活动

现场调研

调研活动

征询意见

林草结合

人工草地

典型草原

典型草原